レイチェル・カーソンに学ぶ環境問題

多田 満──[著]

東京大学出版会

Ecology and Environmental Issues:
Learnings from Rachel Carson's Literature
Mitsuru TADA
University of Tokyo Press, 2011
ISBN 978-4-13-062220-2

はじめに

　20世紀は「経済の世紀」であり，とりわけその後半は，科学技術の進展により世界の経済は大きく成長した．その一方，経済を最優先にしたことで，甚大な健康被害をもたらした水俣病をはじめとする公害の発生や，さまざまな地球規模の環境問題が深刻化した．21世紀は，環境と健康のよりどころとなる福祉を最優先に考え，こうした問題を克服し，人類の持続可能な安定した社会を保障する「環境と福祉の世紀」になることが期待される．その環境主義（環境と福祉）への転換のきっかけとなったのが，レイチェル・カーソンの『沈黙の春（*Silent Spring*）』（1962）の出版である．

　この一冊の本が世界にどれだけ大きな衝撃を与えたかは，アメリカの歴史家ロバート・B・ダウンズの『世界を変えた本（*Books That Changed the World*）』（1978）27冊のうち，『聖書』をはじめ，プラトン，アリストテレス，コペルニクス，ニュートン，ダーウィン，マルクスなどの古典と並んで，『沈黙の春』が最新の一冊に取り上げられていることや，1999年のタイム（TIME）誌に，「20世紀にもっとも影響力のあった100人（The 100 Most Influential People of the 20th Century）」のSCIENTISTS & THINKERS（20組，計24人）のうち，女性でただひとり，カーソンが選ばれていることからも理解される．カーソンのほかには，アインシュタイン，フロイト，ハッブル，ワトソン・クリック，ヴィトゲンシュタイン，ライト兄弟らが含まれる．

　『沈黙の春』は，「環境問題の古典」とよばれ，2012年で出版50年になるが，いまなお環境問題を考えるバイブルとして読み継がれている．環境ホルモン問題のきっかけとなった『奪われし未来（*Stolen Our Future*）』（コルボーンほか，1996）には，「『沈黙の春』は，合成殺虫剤の危険性と人類の思い上がりを告発した古典であり，今日の環境保護運動の原点ともいうべき書物である．同書は長年，環境保護論者や野生生物を研究する生物学者，さらには『進化』や『環境』までをも射程に入れて考える研究者のバイブルとなってきた」と書か

れているが，カーソンは，『沈黙の春』を書いただけでなく，「単独で生きるものはなにもない」という考え方を裏づける，生態学という新しい科学の存在を強調した．それはまた，『海辺（The Edge of the Sea）』（1955）をはじめとする「海の三部作」から読み取ることができる．

人はそれぞれ，社会生活を営み経済活動に組み込まれている生態系の一員である．生態学は，数学や物理化学などのような基礎科学としてだけでなく，社会における自然観や人間観など，それらを合わせた目指すべき世界観について，自然科学と人文・社会科学との統合的な見方を提示することもその役割の1つであろう．それが生態学のもう1つの側面，いわゆるエコロジーの役割である．『沈黙の春』には，そのエコロジー思想から人間による「自然の支配」観念の批判という文明史的・文明論的な視点がはっきりと現れている．

本書は，文理の枠を超えて，カーソンの著した『沈黙の春』，『海辺』，ならびに『センス・オブ・ワンダー（The Sense of Wonder）』（1965）を生態学とエコロジーから読み解き，その基礎を学ぶとともに，環境問題を考えるための入門書である．読者対象は，大学の学部学生や専門学校生であるが，一般教養向けにややエッセー的に書いている．本書は全体で5章からなる．

第1章は，カーソンと社会の動向，生態学の領域と方法，生態学とエコロジーのつながりについて述べる．カーソンは『沈黙の春』で，「おそるべき力」である化学物質の生態系への影響から人類の未来について警告している．そこで第2章では，まず，化学物質について理解を深め，つぎに河川・湖沼，海洋，沿岸の各生態系を取り上げ，化学物質（農薬，POPs，メチル水銀）のこれら生態系への影響について解説する．また，「自然（生態系）と人のつながり」を問いかけた一大事件である水俣病について，人間生態学（健康で幸福な生活と環境の学際的科学）から学び，「いのち（魂）の共生」について，石牟礼道子の『苦海浄土――わが水俣病』（1969）から考える．さらに，化学物質の人体への影響を健康リスクから理解する．第3章は，「そこでは，絶えず生命が創造され，また容赦なく奪い去られており，進化の力が変わることなく作用しているところ」とカーソンが述べている『海辺』に関連して，まず，生物多様性について理解を深め，つぎにニッチとハビタット，進化や生物間の相互作用など生態学の基礎を学び，さらにカーソンのいう「自然の力」を通して海辺の生命観について考える．

カーソンは，科学が一般の人びととはかけ離れた存在として扱われていることを残念に感じて，「学生は実験室に向かう以前に，まず自然そのものや，ヘンリー・ソローのような偉大なナチュラリストの著書から学ぶべきだ」と提言している．また，「自然は人間よりも年長である．しかし，その人間は自然科学よりも年長である」(ドイツの物理学者で哲学者カール・フォン・ヴァイツゼッカーの言葉)といわれる．そこで第4章では，その自然科学を生み出した人間の感性について，『センス・オブ・ワンダー』から読み解き，その生態学へのつながりを知り，さらにソローなどのネイチャーライティング（客観的な知識と主観的な反応をふまえて，「自然とはなにか」を語る文学）から，人と動物との〈交感〉について考える．

　第5章は，「環境問題は人間問題」であることから，人びとの「安全と安心」のための環境リスクを取り入れた法制度を概説し，カーソンのいう「べつの道」への1つのステップとして健康と環境からロハスを考え，さらに人間-生態系の視点から環境問題を理解する．また，「べつの道」に関連して，エコ・フィロソフィ（環境倫理に関与するエコロジーの根底にある哲学・倫理）から自己（Self）実現と共生について解説する．最後に自然科学系研究と人文・社会科学系研究，さらには環境芸術との「協働」による生態学とエコロジーを根底とする新たな「知の枠組み（ニュー・エコロジー）」について提案する．なお，第2章から第4章の冒頭には，それぞれカーソンの著書（原文）の一部とその訳文を掲載したので，その美しい文体にふれていただきたい．

　ところで，物理学者で随筆家の寺田寅彦が，「若いころには文学にふれ，哲学にふれ，芸術にふれることが科学者としても大事」ということをいっている．本書では，カーソンやソローなどの文学（生態学とエコロジー）にふれ，エコ・フィロソフィという哲学にふれ，環境芸術についてふれている．本書は，カーソンの意思を知り，環境問題の理解の一助になればと思い書いているが，生態学に限らず科学者を目指す若い人にもぜひ「文理芸（エコロジー，生態学，文学）の人」であった「カーソン」を読んでいただきたい．

　なお，大阪教育大学名誉教授（元日本環境教育学会会長）の鈴木善次氏には，「カーソンの思想と環境教育」を，レイチェル・カーソン日本協会会長（エッセイスト）の上遠恵子氏には，「カーソンとその文学」をテーマにそれぞれご寄稿いただいた．この場を借りて両先生に深くお礼申し上げる．

目次

はじめに……………………………………………………………………………………ⅰ

1 カーソンと生態学 ……………………………………………………………… 1
1.1 カーソンと社会の動向 ……………………………………………………… 1
(1) カーソン——自然側の証人 1　(2) 社会の動向——公害から環境問題へ 9
1.2 生態学——人間と自然のつながり ……………………………………… 13
(1) 自然と人工——生態学の領域 13
(2) 人間と自然のつながり——生態学の方法 15
(3) 生態学からエコロジーへ——歴史と系譜 18

Box-1 4つのSense——カーソンの意思 5

2 『沈黙の春』に学ぶ——環境問題のバイブル（原典） ………………… 22
2.1 作品紹介 ……………………………………………………………………… 22
2.2 「おそるべき力」——人間が手にした脅威 ……………………………… 23
(1) 化学物質の時代 23　(2) 化学物質と環境問題 41
2.3 「生命の連鎖が毒の連鎖に変わる」——化学物質の生態系への影響 …… 45
(1) 陸水生態系——農薬の河川・湖沼生態系への影響 45
(2) 海洋生態系——POPs（残留性有機汚染物質）の海産哺乳類への影響 60
(3) 沿岸生態系——メチル水銀の魚類への影響 64
2.4 「最後は人間！」——化学物質の終着点 ……………………………… 67
(1) 水俣病——人間生態学から考える 67
(2) 水俣の人びとの問い——生命のつながり 71
(3) 健康リスク——化学物質の人体への影響 73

Box-2 農薬——DDTから生物農薬まで 25
Box-3 環境ホルモン（内分泌攪乱化学物質）——新たな毒性作用 31
Box-4 水生昆虫の生態——流水のつながり 50

3 『海辺』に学ぶ——生物多様性を知る …………………………………… 79
3.1 作品紹介 ……………………………………………………………………… 79
3.2 生物多様性——いのちのジグソーパズル ……………………………… 81

(1) 生物多様性とは——「つながり」と「個性」 81
　　　(2) ニッチ（生態的地位）とハビタット（生息場所）86
　　　(3) 生態と進化——海から陸へ 96
　　　(4) 相互作用——生物の共存 99
　　　(5) 温暖化と生物多様性——サンゴ礁への影響 106
　3.3「自然の力」——海辺の生命観 ……………………………………… 110
　　Box-5 進化——突然変異，自然選択と適応 83
　　Box-6 生態系サービス——いのちと暮らしを支える生物多様性 87

4 │『センス・オブ・ワンダー』に学ぶ——自然とともに生きる ……… 115
　4.1 作品紹介 …………………………………………………………… 116
　4.2 センス・オブ・ワンダー——生命への畏敬の念 ………………… 117
　　　(1) センス・オブ・ワンダーの世界 117
　　　(2) 感性から知性へ——生態学へのつながり 122
　4.3 人と動物のつながり——動物との〈交感〉 ……………………… 125
　　　(1) 自然の叡智——ソロー 125　　(2) 野生鳥獣に対する態度——動物観 132
　　　(3) イタチのように生きる——ディラード 134
　　Box-7 ネイチャーライティング——「自然とはなにか」を語る 126

5 │環境問題を考える——カーソンの意思を受け継ぐ ………………… 138
　5.1 環境問題は人間問題 ……………………………………………… 138
　　　(1) 労務災害（職業病），公害，環境問題 138
　　　(2) 環境リスク——健康リスクから生態リスクへ 142
　　　(3) これからの環境問題——人間-生態系の視点で 149
　5.2「べつの道」へ——新たな世界観 ………………………………… 152
　　　(1) 水俣病からロハスへ 152
　　　(2) エコ・フィロソフィを求めて——自己（Self）実現と共生 154
　　　(3) 生態学・エコロジーから「ニュー・エコロジー」へ 160

レイチェル・カーソンの思想と環境教育　**鈴木善次** ……………………… 165
レイチェル・カーソンとその文学　**上遠恵子** ……………………………… 170

おわりに ………………………………………………………………………… 174
さらに学びたい人へ …………………………………………………………… 177
引用文献 ………………………………………………………………………… 179
索引 ……………………………………………………………………………… 187

1 カーソンと生態学

1.1 カーソンと社会の動向

(1) カーソン——自然側の証人

　レイチェル・カーソン（Rachel Carson, 1907-1964）は，1907年5月27日，アメリカ合州国のペンシルベニア州のスプリングデールに生まれた（図1-1，表1-1）．スプリングデールは，ピッツバーグの北東約15マイル（約24 km）にある，当時人口約2500人の静かな小さな町だった．両親は，姉兄とはやや年齢の離れたレイチェルをことのほかかわいがり，早くから読み聞かせをしていた．レイチェル自身，小さいときから知的好奇心が旺盛で，大きくなったら作家になると決めていたという．レイチェルは，母と過ごした少女時代のことを，「私が，戸外のことや，自然界のすべてに興味を抱かなかったことは，かつて一度もありません」「これらの興味は母から受けついだものであり，母とはいつもそれを分けあったものでした．私は，どちらかというと孤独な子どもで，一日の大半を森や小川のほとりですごし，小鳥や虫や花について学んだのです」と回想している．また，母のことを，「私が知っている誰よりも，アルバート・シュヴァイツァー（Albert Schweitzer, 1875-1965）の『生命への畏敬』を体現していた．生命あるものへの愛は，母の顕著な

図1-1　上岡克己・上遠恵子・原強（編）『レイチェル・カーソン』(2007)，ミネルヴァ書房より．

表1-1 レイチェル・カーソン略年譜.（上遠, 2004 より改変）

1907 年	ペンシルベニア州アレゲニー郡スプリングデールで生まれる（5月27日）.
1925 年	同州ピッツバーグのペンシルベニア女子大学入学（英文学専攻）.
1929 年	メリーランド州ボルチモアのジョンズ・ホプキンズ大学修士課程入学（生物学専攻）.
1936 年	アメリカ合衆国漁業局（1939 年，生物調査局と統合して魚類野生生物局）に勤務.
1941 年	『潮風の下で』出版.
1951 年	『われらをめぐる海』出版，ベストセラーに.
1952 年	退職後，文筆活動に専念.『潮風の下で』再刊，ベストセラーに.
1955 年	『海辺』出版，ベストセラーに.
1957 年	姪のマージョリー死去，遺児ロジャー（5歳）を養子にする.
1958 年	『沈黙の春』執筆開始．母マリア死去，執筆が遅れる.
1960 年	胸部にがんが発見される.
1962 年	『沈黙の春』，雑誌『ニューヨーカー』に連載（6月），出版（9月）.
1963 年	シュバイツァー・メダル受賞.
1964 年	56歳で死去（4月14日）.
1965 年	『センス・オブ・ワンダー』出版.
1998 年	『失われた森 レイチェル・カーソン遺稿集』出版.

美点でした」と語っている（太田，1997）.

　カーソンは作家の夢をかなえるために 1924 年，ペンシルベニア州の女子大学（教養学科）に入学し，入学後の自己紹介文に，「野生の生きものは私の友だち」と書いていた．作家になろうとしていたカーソンだったが，2年生のときに必須科目だった生物学にすっかりひきつけられた．生物学の途と文筆家の途のどちらに進むべきか，思いをめぐらした末に，1928 年に大学を優等で卒業してから，彼女は動物学の修士号をとるためにメリーランド州ボルチモアにあるジョンズ・ホプキンズ大学に入学した．その夏，マサチューセッツ州の，大西洋に面したウッズホール海洋生物研究所（MBL）での夏期研修の研修員になったカーソンは，そこで初めて海を見た．目の前には大西洋が広がっており，それを眺めて飽くことがなかった．ここでの6週間の生活は，彼女が「生涯でもっとも幸福な日々」と回想するもので，生物学者になることを最終的に決断させたのであった．カーソンは，大学の寄宿舎の窓を雨と風が激しくたたいていたある夜，ヴィクトリア朝時代のイギリスの詩人アルフレッド・テニスン（Alfred Tennyson, 1809-1892）の詩「ロックスリーホール（Locksley Hall）」（1834）の一節「強い風が海に向かって咆哮している．さあ，私も行こう（For the mighty wind arises, roaring seaward, and I go.）」が心に燃え上がってき

て,「この一節が,私のなかに,なにごとかを語りかけたときの深い感動は,いまでも思い出せます.それは,私の進路が,かつて見たこともない海に通じていること,私自身の運命が海となんらかのかかわりを持っていることを告げているかのようでした」と回想している.その後,公務員試験に合格したカーソンは,1936年にアメリカ内務省の漁業局(後に魚類野生生物局)の生物専門官に採用された.彼女に与えられた仕事は,海洋資源などを解説する広報誌の執筆と編集であった.そして,彼女は海洋生物学者として,公務員生活を続けながら,再び作家への道をたどるようになっていった.やがて彼女は,後に「海の三部作」(浅井,2007)とよばれる,『潮風の下で(Under the Sea-Wind)』(1941),『われらをめぐる海(The Sea Around Us)』(1951),『海辺(The Edge of the Sea)』(1955)(→第3章)などをつぎつぎに発表し,アメリカではたいへんなベストセラーになった.いずれも海について書かれたもので,海のすべてを生物学的,地質学的,物理学的に語り,長い地球の歴史のなかで生命が誕生し,自然のなかでバランスを保ちながら進化してきた様子を,抒情的にうたい上げている.後にカーソンは,「もし私の作品に詩情があるとするならば,それは海そのものが詩であるからです」と語っている.

　カーソンの最初の著書である『潮風の下で』は,海辺の鳥や魚のことが主として描かれている(カーソン,2000a).「二部　沖への道」では,サバはマグロに食べられ,カモメにも食べられ,マグロはシャチに食べられる.こうして,「あるものは死に,あるものは生き,生命の貴重な構成要素を無限の鎖のようにつぎからつぎへとゆだねていくのである」と述べている.カーソンは,ニューイングランド沖にあふれるさまざまな魚をこのように描写して,そこに「生命の織物」が織り上げられていると書いている.この「無限の鎖」や「生命の織物」という表現は,後の生態学とか生態系という言葉こそ使用してはいないものの,まさしく海辺の生命の織りなす生態系を見事に描くキーワードになっている.つぎの『われらをめぐる海』は,「海の伝記作家」カーソンの描いた「海の伝記」とよばれている.すなわち,地球の形成とその後の海の形成や月の形成に関する記述から始まり,海流,特定の海域での低気圧の発生,海底火山,大漁場など,海に関連する諸事項が多面的に叙述されている(カーソン,1977).それだけではなく,雄大な海の生命力,不思議さ,美しさが,見事に表現されていて,さながら,生命あふれる海の叙事詩のようでもある.さ

らに，暖かい水，冷たい水，澄んだ水，濁った水，ある種の栄養に富んだ水などが，プランクトンや魚類，クジラとイカ，鳥類とウミガメなどと，「断つことのできない絆」で結ばれているという記述や，「食物連鎖」や「生物連鎖」にかかわる記述もある．この連鎖の考え方は，先に述べたように『潮風の下で』にすでに現れていたが，それが『沈黙の春（*Silent Spring*）』（1962）（→第2章）では大きな役割を占めることになる．

『われらをめぐる海』の成功で経済的な基盤を得たカーソンは，1952年に公務員の職を辞し，ようやく執筆に専念できるようになった．『われらをめぐる海』もそれに続く『海辺』も「海の伝記」だが，地球や海の誕生から論を始める前者はおもに海の「物理的様相」を，後者はより多く自身の観察を交えつつ，おもに海の「生物学的様相」を描いている．だが，自由な時間を満喫できたのはほんの数年で，まもなく母親が健康を害し，さらに姪のマージョリーが死去したため，遺された5歳の姪の息子ロジャーを育てねばならなくなり，創作のための時間は再び削られることとなった．さらに晩年の5年間は，病気を抱えて，まさに時間との競争だった．彼女は乳がんと闘い，治療の副作用に耐え，「病気のカタログ」と表現したほど矢継ぎ早に襲ってくる病魔の攻撃に耐えながら，『沈黙の春』を雑誌『ニューヨーカー』に書き上げ，そのうえ産業界からの批判を受けて闘った．「この連載記事は，当時の社会に先鋭化しつつあった不安な世相を見事につかみ，『沈黙の春』は一躍ベストセラーとなった．人体および生態系に及ぼす合成殺虫剤の危険性を説いた同書は，今ではこの分野の古典である」（コルボーンほか，2001）と，後にシーア・コルボーン（Theo Colborn, 1927-）らは『奪われし未来（*Our Stolen Future*）』（1996）のなかで書いている．晩年のカーソンは，少なくともさらに4冊の本の構想を持っていた．すでに進化についての研究資料を集め，生態学を哲学的に考察する本を執筆する契約を結んでいた．また，子どもと一緒に自然界を探求することの大切さについて書いた1956年の雑誌原稿を発展させて，本にするための作業に着手していた．彼女は自らの執筆の意図について「美を感じる心や，新しい未知なるものに出会う感動，共感，憐れみ，賞賛，そして愛，といった感情がいったん呼び覚まされれば，だれしもその感情の対象について，知識を得たいと願うものだ」と表現している．これは，後に『センス・オブ・ワンダー（*The Sense of Wonder*）』（1965）（→第4章）として出版された．

Box-1 4つのSense——カーソンの意思

　環境問題の古典ともよばれる『沈黙の春』をはじめとするカーソンの著書から，彼女の意思を未来に向かって語り継ぐとき，つぎに示す4つのセンス（ポスト，1998）に要約することができる．

① Sense of Wonder（神秘さや不思議さに目を見はる感性）
　カーソンは，「もしもわたしが，すべての子どもの成長を見守る善良な妖精に話しかける力をもっているとしたら，世界中の子どもに，生涯消えることのない『センス・オブ・ワンダー＝神秘さや不思議さに目を見はる感性』を授けてほしいとたのむでしょう」と，「センス・オブ・ワンダー」をいい伝えていこうと努力していた．『沈黙の春』で農薬のもたらす破壊的な影響を論ずるときでさえ，このことを忘れなかった．われわれのだれもが持っているセンス・オブ・ワンダーは，森のなかを歩くといった，ちょっとしたことで，子どもであればその新鮮さが保たれるだろうし，大人の場合もよびおこされることがある．カーソンが，「子どもたちにセンス・オブ・ワンダーをわざわざ植えつける必要はありません．それは自然にそなわっているのです．私たちはそれを新鮮なまま保ち続けることが必要なのです」と述べているように，教育の過程を通じて子どもたちのセンス・オブ・ワンダーを維持していくことが大切である．彼女は，破壊と荒廃へとつき進む現代社会のあり方にブレーキをかけ，自然との共存というべつの道を見出す希望を，幼いものたちの感性のなかに期待している．

② Sense of Urgency（環境破壊に対する危機意識）
　カーソンは，環境破壊に対する危機意識ということを，『沈黙の春』で広く使用されている農薬の影響を論ずるときに提起した．彼女の世界観においては，「まず自然ありき」ということであり，それはただ人間のための直接的な恩恵という理由にとどまらず，彼女は自然そのものに価値を見出していた．今日，農薬にとどまらず，環境破壊に対する危機意識はカーソンがなくなった50年前よりさらに切迫したものになっている．カーソンが取り上げた農薬散布などに起因する環境汚染や人体への影響は，急性毒性を持つ農薬により鳥が死んだり，昆虫の殺虫剤に対する耐性が高まったり，集団的にがんが発生するなど，ヒトの健康被害のおそれがあるほどまでに，目に見えて進むような影響であった．さらに，カーソンは，「植物は，錯綜した生命の網の目の一つで，草木と土，草木同士，草木と動物のあいだには，それぞれ切っても切り離せないつながりが

ある．もちろん私たち人間が，この世界をふみにじらなければならないようなことはある．だけど，よく考えた上で手を下さなければならない．忘れたころ，思わぬところで，いつどういう禍いをもたらさないともかぎらない」と自然の生態系が破壊される危険性を指摘した．その後，森でさえずる鳥の数の減少，生物のオスとメスの比率の不均衡，絶滅の危機にある植物や昆虫，爬虫類，両生類などの数の減少など，すぐには目に見えないような影響が明らかとなっている．これらのことは，カーソンのメッセージがじつに多くの事柄について現在の状況を予言するものであったことを示している．

③ Sense of Respect（自然に対する尊敬の念）

　カーソンは，自然に対して尊敬の念を持ち，必要とあらばいつでも自然を守る道に入ろうとしていた．『沈黙の春』は，食物や水のなかの残留物のような「経済的な毒素」（農薬をいいかえたもの）を否定し，自然に根拠をもった，そして人間の健康に根拠をもった価値体系について焦点をあてた．カーソンは，われわれが生存し続けるためには，生態系のすべての構成員を含めて自然と共存することの必要性を認識しなければいけないと強調した．『沈黙の春』は，シュヴァイツァーに献げられていたのであるが，彼女は，「シュヴァイツァー博士のさまざまな著作の中で，『生命の畏敬』に対する最も正しい理解は，彼の場合そうであったように，個人的な経験によってもたらされています．それは，予期しないときに，野生の生物を突然見かけることであったり，ペットと一緒にいる時のある種の経験であったりするでしょう．それが何であれ，それは私たちの心を解き放してくれる何ものかであり，そしてまた私たちに他の生命の存在を気づかせる何ものかであります」と語り，浜辺で見かけた1匹の小さなカニが生命を象徴し，さらに生命がそれを取り巻く環境の物理的な力に適応していく姿を象徴しているように思われたことを『海辺』で述べている．

　メイン州における最後の夏のこと，9月の初めのある朝，カーソンと彼女の友人であるドロシー・フリーマンは，彼女の別荘の南にある半島の岩だらけの先端で，ひとときを過ごしたときのことを覚え書に残している．「ニューウエイグン（Newagen）で過ごした朝の模様のすべての情景のうちで最も印象的だったのは，羽の小さなモナーク蝶（オオカバマダラ）で，彼らは一匹また一匹とただようようにゆっくりと飛んで行きました．それはあたかも，何か見えない力に引かれて行くようでした．私たちは，彼らの生活史について少しばかり話をかわしました．彼らは帰ってきたかですって？　私たちは，そうは思いませんでした．彼らの多くのものにとって，それは生命の終りへの旅だちであったのでしょう．午後になってから，私は次のことに思い当りました．彼らが再び帰っ

て来ることはないだろうと話し合っていた時も，その光景が余りにも素晴らしかったので，私たちはまったく悲しさを覚えなかったのです．それは正しいことです．なぜなら，どんな生物についても，彼らが生活史の幕を閉じようとする時，私たちはその終末を自然な営みとして受け取ります．モナーク蝶の一生は，数カ月という一定のひろがりを持っています．私たち自身について言えば，それは別の尺度で測られ，私たちはその長さを知ることが出来ません．しかし考え方は同じです．このような測ることの出来ない一生を終えることも，自然であり，決して不幸なことではありません．きらきらとはばたく小さな生命が，今朝の私に教えてくれたものは以上のとおりです．私はその中に深い幸せを見出しました——あなたもそうであるよう祈っています．私は，この朝に感謝しなければなりません」．ここには，カーソンの迫りくる死を受け入れる深い洞察とあふれるような生命への畏敬を見て取れる．ちなみに彼女のシンボルマークはモナーク蝶（図1）である．

④ Sense of Empowerment（自然との関係において信念を持って生きる力）
「地球の美しさについて深く思いをめぐらせる人は，生命の終わりの瞬間まで，生き生きとした精神力をもちつづけることができるでしょう．自然がくりかえすリフレイン——夜の次に朝がきて，冬が去れば春になるという確かさ——のなかには，かぎりなく私たちをいやしてくれる何かがあるのです」（『センス・オブ・ワンダー』）と語り，「自然界に接することの喜びと意義は，科学者だけが享受するものではありません．それらは人跡まれな山の頂——あるいは海——あるいは静まりかえった森を訪れ，それらの影響のなかにわが身をゆだねようとするいかなる人にも与えられます．それはまた，種子の生育の不思議といった小さなことについて考えにふける人でさえ掴みうるものです．自然の美は，あらゆる個人や社会にとって，彼らが精神的な発達をとげるために必要な場であると私は確信しております」（ブルックス，2004）と述べている．カーソンは自分自身を，そして自然の力を信じていた．すなわち，カーソンは生物学について，「地球とそこに棲む生命の現在，過去，未来にわたる歴史」と定義して，「それはすなわち，おぼろげな過去から予測のつかない未来へとつづく生命の流れは，無数の多種多様な生命から成りたっていながら，じつは統一された力である．生命の本質は何ものにも拘束されない」と述べている．さらにカーソンは，貧困と病気に苦しめられたイギリスの博物学者リチャード・ジェフリーズ（Richard Jefferies, 1848-1887）の著書『わが心の記（*Story of My Heart: My Autobiography*）』（1883）を読んでいるとき，そのなかの「地球のこよなき美しさは，生命の輝きのなかにあり，それはすべての花びらに新しい思考を生みおとす．

われわれは，美しさに心を奪われている時にのみ，真に生きているのだ．他のすべては幻想であり，忍耐に過ぎない」（ジェフリーズ，1939）という数行の文章は，「ある意味において，私が生きて来た信条の声明です」と彼女のなかにあったそれまでの信念を述べている．そしてまたカーソンは，この世を去る少し前に，野生生物保護委員会の理事になり，「人間は，すべての生物に対して思いやりをかけるシュバイツァー的倫理——生命に対する真の畏敬——を認識するまでは，けっして人間同士の間でも平和に生きられないであろうというのが私の信念です」（カーソン，2000b）と動物虐待についての考えを残している．

図1 A：モナーク蝶（オオカバマダラ Danaus plexippus，タテハチョウ科マダラチョウ亜科の仲間），B：ミルクウィード（トウワタ，ガガイモ科の植物）の果実（1対の袋果からなり，種子に長い絹毛の種髪 coma が生えている），C：レイチェル・カーソン日本協会のシンボルマーク（モナーク蝶），D：アサギマダラ Parantica sita. 写真 A-B（レイチェル・カーソンの別荘のあるメイン州で 2006 年 10 月 9 日撮影）：加藤健，D（国立環境研究所構内で 2009 年 5 月 14 日撮影）：早坂はるえ．オオカバマダラ（前翅長 50 mm）は，世界でもっとも分布域の広い蝶の一種で，一部は東南アジアにも生息しており，稀に日本にも迷蝶として採集されることがある．北アメリカでは，Monarch（モナーク＝「帝王」）とよばれ，親しまれている．「イリノイ州の蝶」にも指定されている．ミルクウィードの花の蜜を吸い，その葉にしか産卵しない．成虫期間はおよそ6週間である．本種は北アメリカで毎年大規模な群れで「渡り」をすることで有名（春にメキシコから北上を開始し，夏にはカナダまで達し，秋になると再び南下する）．なお，国内でも同じマダラチョウ亜科のアサギマダラが，日本各地から与那国島や台湾まで 2000 km 以上の長距離移動をすることで知られる（渡辺，2007）．

そしてカーソンは，4つのセンス sense（→Box-1）をわれわれに遺して，1964年4月14日，メリーランド州シルバー・スプリングで生涯を閉じた．56歳であった．彼女自身の言葉によれば，「すべてのものは，ついに海に帰っていく．大陸をめぐる大海原の流れのなかに．それは時の流れと同じく永遠に流れつづける．それは，始まりであり，終わりでもある」．『海辺』の最後の一節である「永遠なる海」ほど，カーソンの碑文としてふさわしいものはない．それはまた，彼女が自らの弔いの場で朗読されることを願っていたものである．

(2) 社会の動向――公害から環境問題へ

　「環境の時代」は，おそらく第二次世界大戦が大きな契機になっている．世界大戦は，空前の「大量生産」というそれまでになかった巨大な物量戦を展開した．戦後になって，さらなる経済成長の結果，大量生産，大量輸送，大量消費，大量廃棄という今日の現代文明による環境悪化が，水俣病などの地域における公害や温暖化をはじめとする地球規模の環境問題を生じさせた．戦後の1950年代から60年代にかけてのアメリカでは，ロサンゼルスのスモッグが深刻になり，新しい公害である光化学スモッグの存在が指摘されていた．また，農村部では，DDT（有機塩素系殺虫剤）など農薬の過剰使用による生態系への深刻な影響や農薬による中毒事故が多発していた．

　1962年，カーソンが『沈黙の春』を発表したのは，ちょうどそんな時期だった．最近の環境史においては，この出版年をもって「環境の時代」に入ったとされる．この著書の発表をきっかけにアメリカ政府は，ケネディ大統領科学諮問委員会に農薬委員会を設立（1963）し，さらに，環境保護庁（EPA）の設置（1970）により，有害物質だけでなく，広く環境問題に政府レベルで取り組むこととなった．アメリカ国内では，自然保護運動が盛り上がり，『沈黙の春』の出版8年後に，全米を揺るがす「アース・デー（地球環境について考える日，1970年3月21日）」（岡島，1998）の発端となり，それがまた環境問題についての世界で初めての大規模な政府間会合であるストックホルムの国連人間環境会議（1972）をよび起こし，「人間環境宣言」および「環境国際行動計画」が採択された．

　わが国においても1950年代から60年代にかけて，未曾有の環境汚染に伴う水俣病，イタイイタイ病，川崎病，四日市ぜんそくなどの四大公害病が起こり，

これら公害対策の基本原則を明らかにし，総合的統一的に政策を推進していくことが重要という考えのもとに，「公害対策基本法」（1967）が制定された．また，1971年7月には，環境保全の基本的な政策の企画およびその推進を図るため，環境庁（現，環境省）が設置された．1975年に出版された『複合汚染』（有吉佐和子）は，農薬以外にも工場廃液や合成洗剤などの複合汚染の問題を取り上げ，化学物質による環境汚染の深刻化を広く国民に伝えることとなり，その後の環境保護運動を推進あるいは擁護することとなった（多田，2000a）．この有吉の著書は文学作品ではあるが，その科学データは『沈黙の春』に基礎をおき，化学物質の影響にとどまらず，広く環境問題や人間（自然や社会とつながりを持つ人，人びと）に対する問いかけとなった（多田，2000b，2006a）．

さらに，1993年には国内（地域）のみならず，地球レベルの環境政策（阿部，2001）の新たな枠組みを示す基本的な法律として，「環境基本法[*]」（環境省）が制定された．この法律の制定により，公害対策基本法は廃止となったが，内容の大部分はそのまま引き継がれている．基本理念としては，①環境の恵沢の享受と継承など，②環境への負荷の少ない持続的発展が可能な社会の構築など，③国際的協調による地球環境保全の積極的推進，が掲げられている．

その後，PCB（ポリ塩化ビフェニル，有機塩素化合物）などが，これまで考慮されていなかった内分泌系への影響を介して，ヒト（生物種）を含めて動物の生殖能力，生殖器悪性腫瘍，性行動へ影響を与えていることが，アメリカにある世界自然保護基金（WWF）の科学顧問であるコルボーンらの『奪われし未来』（1996）によって指摘され，「環境ホルモン」問題のきっかけとなった．そして，『沈黙の春』をはじめとするこれら文学の出版を契機に，その後の化学物質を対象とした法律の制定や改正，あるいは条約の発効による環境規制へとつながった（→第5章5.1(2)）．

---

[*]環境の保全について，基本理念を定め，ならびに国，地方公共団体，事業者および国民の責務を明らかにするとともに，環境の保全に関する施策の基本となる事項を定めることにより，環境の保全に関する施策を総合的かつ計画的に推進し，もって現在および将来の国民の健康で文化的な生活の確保に寄与するとともに，人類の福祉に貢献することを目的としている．これは，地球環境の保全が，「国益と人類益は切り離せない，1本の軸に貫かれた二重の独楽（コマ）のように，運命共同体として一緒に回る」（西尾，2010）という考えから，国民だけでなく人類の福祉についてもその目的に規定されている．

また，陸で製造されたPCBが，人間活動と自然の食物連鎖によって，発生源からはるか遠い北極のアザラシやホッキョクグマに蓄積されることが示されたことで，環境ホルモン問題は，温暖化などと同様に地球規模の生態系における環境問題といえる．カーソンの『沈黙の春』の出版以来50年近く経った今日，このように人工の化学物質をめぐる環境汚染は，ますます複雑で深刻化しており，地球規模での広がりから，先進国だけでなく，経済発展の著しいBRICS（Brazilブラジル，Russiaロシア，Indiaインド，China中国，South Africa南アフリカ）をはじめとする新興国や開発途上国においても，その研究や対策の重要性が増している．

一方で，地球では過去に，全生物種の70-90%以上が姿を消す大絶滅時代は，少なくとも5回起きたことが知られている．現在，開発や乱獲，外来種の持ち込みなどによる生態系の攪乱など人間活動により，地球規模で数多くの野生生物種が絶滅の危機に瀕している（生物多様性の減少）（井田，2010）．このような状況から，現代は恐竜の絶滅以来の第6の大絶滅時代にあり，1年間に約4万種といわれる絶滅のスピードは，恐竜時代の絶滅速度よりはるかに速い（1000倍）といわれている．

国際自然保護連合（IUCN）が約4万8000の生物種を対象に調査したところ，絶滅の危機にあるのは全体の35%であった．また，世界の哺乳類5487種のうち4分の1が絶滅の危機にあり，海洋の哺乳類については3分の1，陸上の霊長類は79%が絶滅の危機にあるという．全世界の既知の総種数は約175万種であるが，まだ知られていない生物も含めた地球上の総種数は，およそ500万-3000万種，あるいは1億種以上ともいわれている（環境省，2010）．

このような地球上に現存する多様な生物は人類（過去，現在，未来の人間が含まれる）の生存を支え，人類にさまざまな恵みをもたらすものである（生態系サービス→Box-6）．このため，1992年6月にリオ・デ・ジャネイロ（ブラジル）で開催された国連環境開発会議（地球サミット）で，温暖化に関する「気候変動枠組条約」と並んで「生物の多様性に関する条約（生物多様性条約）」が採択された．また，2007年6月にドイツで開催された主要国首脳会議（ハイリゲンダム・サミット）では，温暖化と並ぶ重要な環境問題として，「生物多様性の保全」が初めてサミットの議題に上り，産業界などに協力を促す仕組みや経済的な価値の算出などで合意された．

一方，わが国においても国内実施に関する包括的な法律として，「生物多様性基本法」が2008年に「環境基本法」の基本理念のもと下位法として制定され，「生物多様性に及ぼす影響の低減および持続可能な利用に努める」と規定されている．2009年現在，日本を含む192カ国とEUが生物多様性条約に入り，世界の生物多様性を保全するための具体的な取り組みが検討されている．この条約では，生物の多様性を「遺伝子」，「種」，「生態系」の3つのレベルでとらえ，①生物多様性の保全，②その構成要素の持続可能な利用，③（動植物や微生物などの）遺伝資源の利用から生ずる利益の公正な配分，を目的としている．③の「遺伝資源」とは，微生物や植物の種など人（個々の人間）に役立つ，または可能性のある遺伝子を持つ生物のことであり，たとえば，ある国に生育する植物を利用して，他国において医薬品を開発し利益を上げた場合，その利益の一部を植物の採取された国にも公平に配分するという考えを示す．この「遺伝資源の取得と利益配分（ABS）」は，2010年10月に名古屋市で開催された生物多様性条約第10回締約国会議（COP 10）（別称：「国連地球生きもの会議」）の主要な議題の1つになり，「名古屋議定書」（目的に「遺伝資源の利用から生じた利益を公正かつ衡平に配分することで，生物多様性の保全と持続可能な利用に貢献する」とある）として採択された（中澤，2010）．

　そして，このような生物多様性の保全と持続可能な利用を，地球規模から身近な市民生活のレベルまで，さまざまな社会経済活動のなかに組み込む必要がある（生物多様性の主流化）．すでに日本経団連（自然保護協議会）は，2009年に「自然の恵みに感謝し，自然循環と事業との調和を志す」など，企業が生物多様性に配慮した経営をするための「7つの原則と15の行動指針」を「日本経団連生物多様性宣言」に明示している．つまり，企業も生物多様性をたんなる社会貢献の一環ではなく，事業の持続可能性を重視した経営戦略のなかに位置づけて対策に取り組む必要がある（足立，2010）．

　一方で，カーソンの『海辺』では，海辺（岩礁海岸，砂浜とサンゴ礁海岸）の生物を地学・生態学的にとらえて，生物の「個性」，ならびに生物と環境，生物と生物の複雑な「つながり」など生物多様性の理念（環境省「第三次生物多様性国家戦略」2007）にもとづいた理解がなされている．カーソンは，条約が採択される40年近く前に，海洋生物を通してこの生物多様性を認識していたと考えられる．

最後に「生態系の危機」という現実において，化学物質や生物多様性などに関する環境問題の解決に向かうためには，その研究や対策にとどまらず，カーソンが『センス・オブ・ワンダー』で取り上げた，子どもからの環境教育がますます重要になるであろう．「環境基本法」第15条の規定にもとづき閣議決定された政府全体の環境保全の基本的計画である「第一次環境基本計画」(1994) では，環境教育の推進に際して重視・留意すべき点として，「自然の仕組み，人間活動と環境の関わり，その歴史・文化等についての理解だけではなく，自然とのふれあい体験等を通じて自然に対する感性や環境を大切に思う心を育てること，特に，子どもに対しては，人間と環境の関わりについての関心と理解を深めるための自然体験や生活体験の積み重ねが重要である」と指摘している．このことは，まさにカーソンが，『センス・オブ・ワンダー』でわれわれに語りかけた内容そのものである．

1.2 生態学——人間と自然のつながり

(1) 自然と人工——生態学の領域

　自然とは，おのずからそこにあるものであって，空気，水，土，海，植物，動物，昆虫などの自然物は，人間が意識的につくりだせないものである．このような人間にとっての自然には，人間がいっさい手をつけていない，たとえば，アメリカ開拓時代に原生 (wilderness) とよばれていたような，人間とかかわりあいを持たない自然をはじめ，里山のように人間との深いかかわりによって成り立つ自然まで，人間とのかかわりの度合いから，下記のように，「原生」「脱原生」と「脱自然」の3つに分けることができる．

　「原生」——人間がいっさい手をつけていない自然，人間とかかわりあいを持たない自然．わが国では，里山に対する奥山（人が入り込まない深い山奥のことで，日本古来より神の領域とされる地域）．
　「脱原生」——人間の知りうる自然（人が入り込める地域），普通によばれる自然．カーソンが，『海辺』で取り上げた岩礁海岸など．
　「脱自然」——人間活動とかかわりあいを持つ自然．里山（集落を囲む二次林，

農地，ため池，草原などを含む地域，里地里山とよばれる地域はわれわれの国土のおよそ4割を占める）のような「手入れ」（後述）されることによって，生物の生産性と多様性が高くなった自然．あるいは，カーソンが『沈黙の春』で取り上げたクリヤ湖（害虫防除などの管理の点からは「人工」（後述））など．

　ここで，人間にとっての環境を考える場合，「自然」だけでなく「人工」もそこに含まれているといえよう．「人工とは，人間の意識がつくり出したもの」，人間が意識的に（考えて）つくりだしたものをいう（養老，2003）．たとえば，都市の公園や街路樹には，自然物である樹木を人間が「考えて」植える．それは，意識の行為の結果つくりだされるものであり，「人工」である．一方，そこに自然物である草が「勝手に」生えると，それを雑草とよび，除去される（「人工」の管理）．よって，カーソンが『沈黙の春』で取り上げた，農作物（自然物）を人間が育てる農地における農薬による病害虫の防除も，「人工」の管理といえる（ここでの病害虫は，農業生産の場でなんらかの損害をもたらす病気や昆虫のこと；田付，2009）．

　「人工」である公園や街路樹を管理するとは，樹木が勝手に成長しないように，雑草が蔓延らないように自然物を人間が意識的にコントロールすることである．一方，里山（おもに照葉樹などの雑木林）は，人が生活のなかで樹木を利用することで，人の暮らしと自然が調和して形成された持続的な生態系である．その生き生きとした里山の状態を保つには，下草刈りや枝打ち，間伐など適切な「手入れ」が必要であり，人の「手入れ」が入るからこそ自然豊かになった典型的な場所といえる．これにより山は適度な光が入り，草木も育ち，さまざまな生物の集まる豊かな生態系を保持してきた．このような「手入れ」の出発点は，自然である相手を認めることであり，相手の変化に対応する双方向性（自然とのコミュニケーション）にある．つまり，自然はコントロールすべき対象ではなく，人間が手を入れたら，相手がどのように反応するか，つぎにそれを知らなければならない．それゆえ自然を知るためには，長い時間にわたって観察を続けることが要求される．まさに観察を通して自然とつきあうという生態学の方法であり，「手入れ」から自然について学ばされることは多いに違いない．

　生態学の領域（マッキントッシュ，1989）は，初め，自然のうちでも「脱原

生」である森林の群落など，普段そこで生活はしていないが，人が歩いて入り込んでいける自然での調査や研究の取り組みがなされてきた．それらは，必ずしも人間活動や社会とのかかわりをもった自然ではない．いまや，自然に対する人間の影響は甚大で，人間の影響を無視しては多くの生態学的研究は成り立たなくなっている．よって，生態学の領域は，これまでの「脱原生」だけでなく，人間と自然のつながりからも「脱自然」である里山や「人工」である都市（身近な公園など）などの環境を射程に入れることが欠かせないと考える．こうした環境における保全生態学（さまざまな生物種が人間活動に伴って生存の危機にあることから，これらの生物の保全を目指す）による調査や研究の取り組み（鷲谷・鬼頭，2007；鷲谷ほか，2010）から，里山（兵庫県豊岡市のコウノトリのすめる水田の再生など；菊地，2006）や都市（ロンドンとその郊外におけるハヤブサのすめる生態系の復元など）における生物多様性保全のあり方や方法（その地域に本来生息する生物の集団をできるかぎりそっくりそのまま残していくこと；高倉，2010），あるいは「都市は自然（農村）と一体となって，初めて完全なものとなる」という『田園都市論』の考え方（武内，2010）へと展開することも可能であろう．

(2) 人間と自然のつながり——生態学の方法

　海のなかで生命が誕生し，その生物は進化した後，さらに森林や草原で進化し，海や陸上の自然の産物（生命）を食料として，たえず内側に取り込んで生きている人間の身体には，「外なる自然（外側の自然）」と同じものが，物質として，機能として，あるいは反応パターンとして根深く組み込まれているといえる（養老，2003）．よって，「食べる」という行為は，「外なる自然」に存在する生命をわれわれの肉体と魂に変換することであり，「外なる自然」とのもっとも深いかかわりである．「シュヴァイツァー博士は，もしも私たちが人と人との関係にしか関心を持ちえないならば，私たちは真の文明に目覚めていないと言われたことがあります．重要なことは，人間とあらゆる生命との関係です」と，カーソンは回想している（ブルックス，2004）．まさに「人間は自然の一部である」とともに，人間は自然のあらゆる生命とのつながりを持った自然の産物であるといえよう．しかし，普通に自然というときは，身体の「外なる自然」を指している．それは身体を考慮からはずしてよいということではな

く，身体である「内なる自然」もまた，自然である．

　われわれが，食料として取り込んだ米，野菜，魚などに含まれる栄養素は，水とともに小腸などから体内に吸収される．われわれの「内なる自然」である身体は，7割近く水でできている．よって，「体外の水が有害物質で汚れると体内の水も汚れる」．カーソンが，「このすべての毒の連鎖のはじまりは，ほんの小さな植物にはじめ毒が蓄積されたと考えて間違いないだろう．そして，この食物連鎖の行き着く先は人間？」と述べ，有吉が，「すべての食物連鎖の終着駅は人間の口であるのに」と述べているように，われわれの身体は，有害物質の終着点でもある．カーソンが『沈黙の春』で述べた「自然界では，一つだけ離れて存在するものなどないのだ．私たちの世界は，毒に染まってゆく」とは，まさに有害物質が「外なる自然」から「内なる自然」に蓄積されていくことである．

　ところで，自然科学は自然を観察する．人文・社会科学は人間や社会を観察することからそれぞれ研究は始まる．科学の出発点はみな「観察」である．生態学も「外なる自然」の観察から始まる．つまり，自然の変化を観察して，生物の分布（distribution）と個体数（abundance）が，どう変わったかを観察し，その観察した結果，なにが原因でどう変わったかを分析する．カーソンは徹底的な「観察の人」であったことが知られている．実験室で顕微鏡をのぞくことはもちろん，外に出かけて多くの生きものを学術的に調査することまで，彼女を一躍有名にした「海の三部作」も，専門の海の生物をすみずみまで観察，正確に把握しているからこそ「見てきたかのように」書けた傑作だといわれている．とりわけ『海辺』では，海辺の生きものの生態（すなわち，生物の分布や個体数）を詳細に観察して記述している．「ここ数年間，私は海辺の生態学，すなわち岩礁海岸や砂浜，低湿地，干潟，サンゴ礁，マングローブ湿地などの，動植物の生態について研究をつづけてきました．動物と動物，動物と植物，そして動植物と周囲の自然界との関係について考えてきたのです．そうしたことをよくよく考えれば，生命の複雑さに気づかされます．そこには独自に完結している要素は何ひとつなく，単独で意味を持つ要素もありません．一つひとつが，複雑に織り上げられた全体構造の一部分なのです．なぜなら，生物は数多くの結びつきによって周囲の世界とつながっており，その結びつきは生物学にも化学にも，地質学にも物理学にも関連しています．すなわち，海の世界の生

物を理解しようと思うなら，関連するさまざまな科学に関心を持つことが欠かせないのです．海辺は自然が支配する実験室であり，そこでは生命の進化について，そして生命を持つものと持たないものとの複雑な力関係のはざまで生物が織りなす微妙なバランスについて，実験がくりかえされています」．

　これは，後に出版された『海辺』と同じ題名の論文（1953）で，米国科学振興協会（AAAS）のシンポジウム「ザ・シー・フロンティア」で発表されたものであり，カーソンが専門的な学術組織に提出した唯一の科学論文の一節である（カーソン，2000b）．カーソンはこのなかで，「動物はどうして特定の場所にすんでいるのか」，「彼らとその生息環境を結びつけているものはなにか」といった，生態学的問題を検討している．

　そしてまた，『沈黙の春』の執筆のきっかけは，周囲の自然を素朴に見つめていた人びとが，小鳥たちの無言の死になにかがおかしいと，カーソンに助けを求めたことからであったが，カーソン自身も，早くから野外で起こっている異変を観察していた．しかし，まわりの研究者たちは，化学産業界の圧力を恐れてみな協力を断ってきたため，彼女はもはやこの本の執筆は，自分の使命と覚悟して取り組んだといわれている．『沈黙の春』の提起した論理は，トーマス・クーン（Thomas Kuhn, 1922-1996）のいう1つの「パラダイム（paradigm；一般に認められた科学的業績で，一時期のあいだ，専門家に対して問い方や答え方のモデルを与えるもの）」を形成しているということができる．つまり，カーソンの方法は，人間の営みが自然環境を大規模に変貌させ，それによって広範な規模で人間の生活自体が急速に，あるいは徐々に，危機にさらされるという構図（パラダイム）を詳細な観察という生態学の方法にもとづいて明らかにすることで，それをエコロジー思想に展開したものであった．

　カーソンは，「生物科学について」（1956）のなかで，生物学とは，「地球とそこに棲む生物の現在，過去，そして未来にわたる歴史」と定義できると述べて，「人類も他のいかなる生物も，その周囲の世界と切り離して単独で研究したり，理解したりすることはできない」，「科学の本質は生命そのものの本質なのだから，科学的な事実に関する知識は，実験室に閉じこもるかぎられた人々だけの特権ではなく，すべての人々のためのものである．まず第一に，周囲の環境や，肉体的にも精神的にも私たちをつくり上げている力について知らなければ，今現在の私たちにかかわる問題を理解することはできない．生物学は，

生きている地球に棲む,生きとし生けるものを扱う.色や形や動きに喜びを感じ,生命の驚くべき多様さを認識し,自然の美しさを楽しむことは,生物としての人類が持つ生まれながらの権利である.生物学との最初の出会いは,できることなら,野原や森や浜辺などで,自然を通じてであってほしい.そして,それを補足し確認する手段として,実験室での研究があるべきだ」と説いて,「単独で生きるものはなにもない」という考え方を裏づける,生態学という新しい科学の存在を強調した(カーソン,2000b).また,科学が一般の人びととはかけ離れた存在として扱われていることを残念に感じていたカーソンは,「学生は実験室に向かう以前に,まず自然そのものや,ヘンリー・ソロー(→第4章4.3(1))のような偉大なナチュラリストの著書から学ぶべきだ」と提言している.

(3) 生態学からエコロジーへ——歴史と系譜

生態学(ecology)は,ギリシャ語oikos(家)とlogos(ロゴス)から合成された19世紀の造語であり,生態学は,生物と生物の関係,生物とそれを取り巻く無機的環境との関係を研究する生物学の一分野である.具体的には,生物の分布と個体数を明らかにするとともに,階層性(個体,個体群や群集)と複雑性(生態系における食物網や生物間の相互作用)についての科学である.生態学の歴史は,ナチュラル・ヒストリー(natural history; 博物学)の発展を背景に『種の起源(*On the Origin of Species by Means of Natural Selection, or the Preservation of Favoured Races in the Struggle for Life*)』(1859)を著したチャールズ・ダーウィン(Charles Darwin, 1809-1882)に始まり,エルンスト・ヘッケル(Ernst Haeckel, 1834-1919)によって「生物の家計(個体や生物群のあいだの物質やエネルギーのやりとり)に関する科学」(1866)として定義された.日本語で「生態学」を初めて用いたのは三好学(1895)であるといわれている.生態学は,広範囲にわたる対象を扱うが,19世紀末から20世紀半ばにかけて森林の遷移などを扱う群集生態学として始まった.このような生態学に関するいくつかの分野の発展とともに,イギリスの植物生態学者アーサー・タンスレー(Arthur Tansley, 1871-1955)により,生物とその環境とを一体のシステムとして対象とする生態系(ecosystem)(1935)という用語(概念)が提案された.

その後，カーソンのさまざまな生物種の詳細な生態学的観察により，『海辺』(1955) をはじめとする「海の三部作」に続く『沈黙の春』(1962) が出版された．そして，生態学は 20 世紀半ばから，生物種の生活史の解明が大きな課題となり，個体群の変動を対象とした個体群生態学や動物の社会構造などを研究対象とする動物生態学，ならびに個体の生理的な機能をもとに種の生活を理解する生理生態学が生理学を基礎として発展した．

このように生態学は，20 世紀の半ばから急速に多様な発展を遂げ，生態系生態学，進化生態学や保全生態学など，さまざまな研究分野を生んでいる．現在においては，人間活動による多くの深刻な変化が，地球規模の生態系において生物多様性の急激な減少を招いている．そのため，生態系，種，遺伝子レベルの多様性が，地球規模でどのように変化しつつあるかを観測し，モデル化し，予測することは，地理学，地質学，分類学との連携による生態学（＝マクロ生態学；大きな時空間スケールを扱う生態学）に対する大きな社会的要請となっている．

一方，生態学は，「人間が健康であるためには，生態系が健全でなくてはならない」という考え方において，エレン・スワロー・リチャーズ（Ellen Swallow Richards, 1842-1911）に始まり，アルド・レオポルド（Aldo Leopold, 1887-1948），カーソンなどの活躍によって「健康で幸福な生活と環境の学際的科学」として広まった人間生態学（human ecology）とその系譜として位置づけることもできる．生態系にみられる食物網や生物間の相互作用から，すべては関連し相互依存していると結論づける全体論的（holistic）な考え方は，生態学を自然科学から環境倫理思想あるいは環境保護運動へと広がりうる概念（エコロジー）ととらえる要因になったが，このようなエコロジー観が一般化した背景には，急激かつ過度の人間活動の広がりによって引き起こされた生態系の危機（化学物質汚染，地球温暖化，森林破壊・砂漠化，種の絶滅，そのほか地球規模での環境問題）がある．

レオポルドは，「土地倫理（land ethic）」(1949) という考え方を提起して，「土地は所有物ではない」と主張した．ここでいう「土地」とは，生態系のことであり，「物事は，生物共同体の全体性，安定性，美観を保つものであれば妥当だし，そうでない場合は間違っているのだ」としている．一方，シュヴァイツァーから思想的な影響を受けていたカーソンは，人間も自然の織りなす網

の目（食物網）の一部を形成する存在にすぎないと考えた．彼女の『沈黙の春』には，人間による「自然の支配」観念の批判という文明史的・文明論的な視点がはっきりと現れているが，これも人間とあらゆる生命との関係が重要であると説いたシュヴァイツァーの思想の影響を表すものである．続く1970年代の初めに登場するディープ・エコロジー（deep ecology）は，1973年にアルネ・ネス（Arne Naess, 1912-2009）によって提起された概念であり，自然と人間の関係の根本的変化の必要性を主張する．従来のエコロジーを先進国の人間の福利しか視野にない浅いエコロジー（shallow ecology）であると批判し，人間は，「生態系全体（生命圏）のなかの結び目にすぎず，その1つとして自己を成熟させていくこと」，「すべての生命体は，おのおの自己実現するための平等の権利をもっていること」など，「自己実現（self-realization）」と生命圏の平等主義を目指すエコロジー思想である（→第5章5.2(2)）．ディープ・エコロジーは，1つの哲学＝エコ・フィロソフィ（eco-philosophy）であり，シャロウ・エコロジーがなんらの哲学や宗教的な基礎も持たないのに対し，1つの哲学にもとづいているゆえに「ディープ」と標榜することができるというのである．なお，ここでいう生命圏とは，生命そのものとそれを内包する動的な環境のかかわりが「生命の本質的なシステム」であり，その環境の広がりが生命圏である．

　そのほかに仏教思想を取り入れ，野性の実践を説くゲーリー・スナイダー（Gary Snyder, 1930-）の生態地域主義（bioregionalism）（→第4章4.2(1)），サイバネティクスを組み込んだグレゴリー・ベイトソン（Gregory Bateson, 1904-1980）の『精神のエコロジー（*Steps to an Ecology of Mind*）』（1972），それを発展させたフェリックス・ガタリ（Felix Guattari, 1930-1992）の『三つのエコロジー（*Les Trois ecologies*）』（1989），「社会」的な側面を説くマレイ・ブクチン（Murray Bookchin, 1921-2006）のソーシャル・エコロジー（social ecology），エコロジーとジェンダーのかかわりを説くエコフェミニズム（ecofeminism）など多彩である．

　一方，日本では，ディープ・エコロジー的視点から，曼荼羅（密教目的を成就する調和と共生の世界観）にすべての生物とともに生きる願いの「場」を説き，自ら実践（自然を自分自身に同一化）した弘法大師（空海，774-835），朱子学から「人は小体の天にして，天は大体の人」に自然と人間は根本的に一

体であることを説いた熊沢蕃山（1619-1691）はじめ，自然の一部である万人すべてが自ら「直耕（農業生産）」することを理想とし，自然主義的な生活を営んだ安藤昌益（1703-1762）や，人間も自然も同じ「1つのいのち」だとして，その世界観を「マンダラ」に表現し，自然保護運動の先駆けとなった南方熊楠（1867-1941）らが先駆者として知られる．第二次世界大戦後の高度成長期には，「すべての魂と共に生きている」という「魂の共生」を説いた石牟礼道子（1927-）の『苦海浄土——わが水俣病』（1972）や，カーソンの『沈黙の春』に触発され，化学物質によるヒトの健康問題に焦点をあてた有吉佐和子（1931-1984）の『複合汚染』（1975）が，環境保護運動のバイブルとなった．また，加藤幸子（1936-）は，「多様性の中で生きていく人間の姿は，本当に自然なもの」（三木卓との対談，1987）と述べ，人間を（現在の用語でいう）「生物多様性」のなかで相対化される一片の存在ととらえる自然観／人間観を先取りし，人間中心主義（homocentrism）を超える自然観とその表現主義を追求した自然（生態系）中心主義（ecocentrism）小説「ジーンとともに」（『心ヲナクセ体ヲ残セ』［1999］に収録）を発表している（山本，2010）．

　温暖化や生態系の破壊（生物多様性の減少）などの環境問題（科学文明下の諸問題）に対処するには，科学技術的な対応が必要であり，そのための生態学の知識も必要となろう．一方で，人間にとって自然とは，自然と人間の関係はどうあるべきかなど，環境問題に対処する策を判断するためには，思想的・哲学的判断，つまりエコロジーの考え方が必要となる．生態学は，「いかに生きているか」を知るための客観的領域（客観的な理解の総意）にかかわるものであり，エコロジーは，「いかに生きていくか」を考えるための主観的領域（主観的な理解の総意）にかかわるものである．自然と人間のつながりにおいて，環境問題を知る（知性）ことが生態学の役割であり，自然環境を感じる（感性）ことに始まり，理性でもって知性を鍛えること，そして，望ましい人間環境（持続可能な社会）のための行動につなげることがエコロジーの役割である．

2 『沈黙の春』に学ぶ
——環境問題のバイブル（原典）

Water must also be thought of in terms of the chains of life it supports…… — in an endless cyclic transfer of materials from life to life. We know that the necessary minerals in the water are so passed from link to link of the food chains. Can we suppose that poisons we introduce into water will not also enter into these cycles of nature? ……This whole chain of poisoning, then, seems to rest on a base of minute plants which must have been the original concentrators. But what of the opposite end of the food chain — the human being……(Carson, 1991)

水は，生命の輪と切りはなしては考えられない．水は生命をあらしめているのだ．……一つの生命から一つの生命へと，物質はいつ果てるともなく循環している．水中の有用な無機物は食物連鎖の輪から輪へと渡り動いてゆく．水中に毒が入れば，その毒も同じように，自然の連鎖の輪から輪へと移り動いていかないと，だれが断言できようか……どこまでもたち切れることなく続いていく毒の連鎖，そのはじまりは，小さな，小さな植物，そこに，はじめ毒が蓄積された——そう考えても間違いはないだろう．だが，この連鎖の終わりは，人間……（カーソン，1974）

2.1 作品紹介

　冒頭の「1　明日のための寓話」は，「沈黙の春」という標題を説明しているが，「アメリカの奥深くわけ入ったところ」の町としてここに描かれた風景は暗転する．「自然は，沈黙した．うす気味悪い．鳥たちはどこへ行ってしまったのか．みんな不思議に思い，不吉な予感におびえた．……春がきたが，沈黙の春だった」．なぜ，「沈黙の春」になったのか．それが2章以下で述べられる．まず，「おそるべき力」である化学物質について2，3章で説明される．第二次世界大戦以降，人間がDDTなどの殺虫剤をはじめとする化学薬品（化学物

質）により環境や自然を決定的に変えようとしていることを述べ，実験データの記述といったミクロ的視点を基本としつつも，DDT の合成，殺虫効果の発見という歴史や，その毒性に対する先駆的な声明にもふれるというかたちで，文明史的・科学史的視点を織り込んでいる．

つぎに 4 章から 9 章にかけて「生命の連鎖が毒の連鎖に変わる」ことについて，化学物質の生態系への影響から説明される．つまり，水，土壌，鳥や生きもの，植物，河川などがどのように農薬により汚染されていくかが具体的に示される．水中に毒が入れば，食物連鎖の輪から輪へと渡り動いていく毒の連鎖について警告している．そして，「春になっても鳥が鳴かない」というように，農薬の散布が鳥たちにまで影響をおよぼしていることが解明される．さらに 10 章では，これまでの章で指摘されたような被害や影響に加えて，農薬の大量使用は「死の大雨」といわれるような飛行機を使った空中散布に拡大されていることが述べられる．

11 章では，われわれの身のまわりの化学薬品を取り上げて，「いまや，毒薬の時代」であることを強調する．そして，化学物質の終着点は人間であることから，12 章から 14 章にかけては農薬や化学物質の人間に対する急性中毒のみならず，催奇形成や発がん性などの慢性毒性についてふれ，化学薬品の危険性を説く．

さらに 15，16 章では，人間は自然を自由にコントロールできないことやいまや自然のバランスがくずれ，自然の逆襲が始まろうとしているのではないかと警告している．最後の 17 章では「私たちは，いまや分かれ道にいる」のだ．一方は「禍と破滅」への道であり，「べつの道」が人間と地球を守る道なのだとまとめている（多田，2000c）．

2.2 「おそるべき力」——人間が手にした脅威

(1) 化学物質の時代

化学物質とは

カーソンは『沈黙の春』のなかで，「二十世紀というわずかのあいだに，人間という一族が，おそるべき力を手に入れて，自然を変えようとしている」と

述べ，核の脅威である放射線にまさるとも劣らぬ禍をもたらすものとして，人工的な合成物である化学薬品（化学物質）を「おそるべき力」にあげている．人類の歴史が始まって以来，石器，青銅器，鉄器をその生活の手段として用いたように，現代は化学物質がそれにとって代わった．すなわち，「現代は化学物質の時代である」（河野，1990）といっても過言ではないであろう．その理由に以下のベネフィット（われわれの生活における利便性）とリスク（悪い影響をおよぼす可能性）の2つの点があげられる．

・われわれの生活は化学物質なしでは成り立たない（ベネフィット）．
　合成繊維，合成洗剤，食品添加物，医薬品，農薬（→Box-2），塗料，プラスチック，ハイテク（ナノ）材料など．
・化学物質による環境汚染がわれわれの生活を脅かしている（リスク）．
　大気汚染，水質汚濁，ダイオキシンやハイテク汚染（地下水汚染）など．

　現在，アメリカ化学会（CAS）に登録されている化学物質の総数は，1990年には1000万種，現在では5000万種以上，年間生産量（有機化合物）は，1950年には世界全体で700万トンであったものが，70年代には6000万トン，1990年代以降には4億トンを超えていると推定されている（泉，1998）．カーソンが，『沈黙の春』で「いまや，ふつうの人間なら，生命をうけたそのはじめのはじめから，化学薬品という荷物をあずかって出発し，年ごとにふえるその重荷を一生背負って歩くことになる」と予見したことが現実のものとなっている．すなわち，『沈黙の春』で取り上げられたDDT（1938年にアメリカで開発された有機塩素系殺虫剤で，殺虫力が高く，安価なことからかつては世界中で広く使用された．国内では1971年から使用が禁止された）をはじめとする農薬，PCB（1950年代以降，難燃性で，電気絶縁性や熱安定性が高いなど，コンデンサーオイル，トランスオイル，感圧紙，熱媒体など多くの用途に利用．国内では1972年に製造が中止された）などの工業製品や医薬品，食品添加物，化粧品，洗剤，溶剤（塗料など），プラスチック，合成ゴム，合成繊維（高分子製品）などのように，化学工業でつくられる化学物質を原料にした商品やそれらの特性を利用した商品が身のまわりにあふれている．これら工業的に生産されている化学物質は，1970年代半ばには世界全体で約6万種，現在では世界

Box-2 農薬——DDT から生物農薬まで

「身近にある化学物質に関する世論調査」(内閣府,2010) で,化学物質の安全性について,「不安がある」と感じている人が66.9%,不安がある物質は農薬(殺虫剤や防虫剤など) がもっとも多く (62.8%),飲み水・食品 (59.5%),工場などの排ガスや排水 (51.8%) といった結果になった.

1948年にわが国で施行された「農薬取締法」(→第5章5.1(2)) では,「農薬は農作物 (樹木及び農林物を含む) を害する菌,線虫,ダニ,昆虫,ネズミその他の動植物又はウイルス (病害虫) の防除に用いられる殺菌剤,殺虫剤,その他の薬剤及び農作物等の生理機能の増進又は抑制に用いられる成長促進剤,発芽抑制剤その他の薬剤」と定義されている.現在,これら農薬については,つぎの2つの点から,化学物質のなかでもきわめて重要であると考えられている.

① 現在の食料生産を支える農業にとって,リスク/ベネフィットの原則からも必須である.
② 開放的使用により環境中の拡散,移動により生物蓄積性,生分解性,土壌吸着性など,生物や生態系に与える影響が大きいものがある (図1).

カーソンは『沈黙の春』(1962) のなかで,第二次世界大戦後に化学工業の急速な進歩により生み出された「死の霊薬 (Elixirs of Death)」として殺虫剤 (DDT,クロルデン,ディルドリンなどの有機塩素系,パラチオンやマラソンなどの有機リン系など) や除草剤 (ヒ素,ジニトロフェノールなど) などの農薬の概説をおこない,除草剤には,遺伝子の突然変異を誘発するものもあり,放射線にまさるとも劣らぬ,おそろしい圧力を遺伝子に加えるのだと,その化学物質の持つ危険性について解説している.1950年代以降,このように化学合成された殺虫剤,除草剤,殺菌剤などの農薬の使用は,量的,および質的にも大きく拡大し,農業生産の向上と安定 (農業生産における省力化,低コスト化) のために,農薬は必要不可欠な存在といわれるまでになった.そのためのよい農薬とはなにかを考えたとき思いつくのが,すぐに効くこと (即効性あり),そして持続性があるということである.まず,即効性があるためには,急性毒性が強く(強毒性) なければならない (たとえば,パラチオンなどの有機リン系殺虫剤).そして持続性があるためには,作物や土壌に長く残留すること (高蓄積,生物蓄積性),分解 (光分解,生分解) されにくいこと (難分解性) があげられる

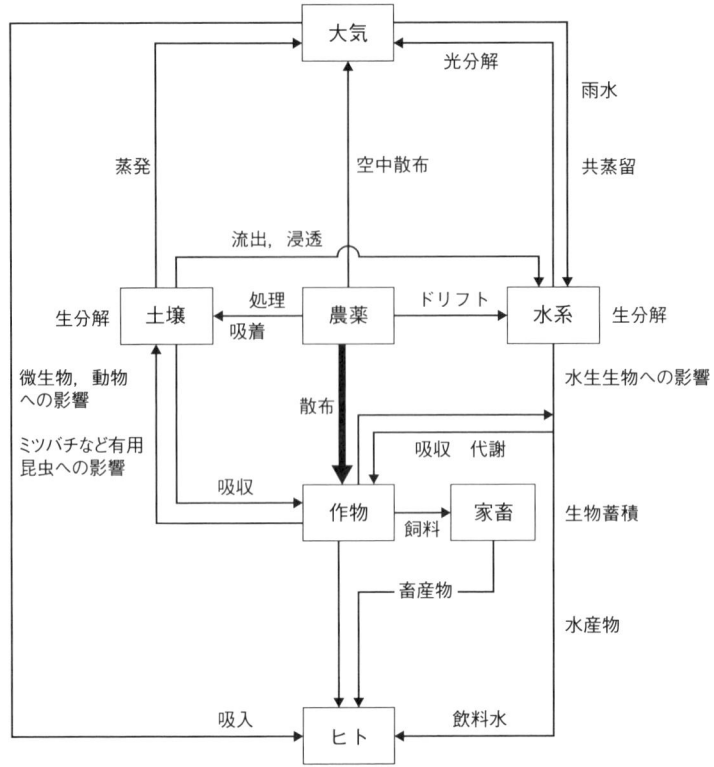

図1 農薬の環境中の動態と生物への影響．散布した農薬は，その物理化学的性質にもとづいて，いろいろな現象によって環境中へ拡散していく．その結果，大気，河川・湖沼などの水系，土壌や目的とする作物だけでなく，家畜やヒトなどの生物へと移行する．各環境中で分解，代謝され，その過程で水系や土壌などの生物にさまざまな影響をおよぼす．これら農薬の影響のなかで，生物蓄積は，カーソンが『沈黙の春』(1962)で指摘した化学物質（主として有機塩素系殺虫剤）の環境や生物におよぼすもっとも重要で深刻な結果をもたらすものである．ヒトは本来雑食性であるため，その影響が顕在化するにはいたらなかったが，有機塩素系殺虫剤は乳肉食品や水産物を通して人体脂肪中にも蓄積し，その結果，胎児にも移行している．一方，環境中における農薬の分解現象でもっとも重要なのは，水系や土壌中における微生物による分解（生分解）である．また，大気中では，太陽光線による光分解が重要である．一般に生物蓄積性の高い化学物質は，生分解速度も遅い傾向があり，環境中での蓄積性も高い．農薬の各環境間の移動のなかでとくに注目すべきことは，水系や土壌中から水の蒸発に伴って起こる共蒸留によって大気へ移行する現象である．地球的規模の化学物質の長距離移動は，おもにこの現象によることが明らかにされている．農薬の河川など水系へのドリフトや土壌から水系への流出も，水生生物におよぼす影響の観点から重要な現象である．農薬のヒトへの曝露でこれまでに起こった問題は，パラチオンなどの有機リン系殺虫剤による急性中毒であり，1950年代には農民に多数の犠牲者が出たが，1960年代から，これらは低毒性のフェニトロチオンなどに代わり，中毒事故は急速に減少した．しかし，慢性毒性やその他の毒性，とくに複合毒性についてはいまだ十分に解明されていない．（金澤，1992より改変）

（ただし，DDT，BHC，クロルデンなど有機塩素系殺虫剤は，急性の人畜毒性は低い）．近代農業では，生産性の向上と安定のために，このような即効性があり持続性がある化学農薬（前述の化学合成された農薬）が大きな役割を果たしてきた．

その一方で，このようなDDTをはじめとする農薬の環境中における生物・生態系に対する影響は，カーソンが『沈黙の春』で取り上げることで，歴史的，社会的，あるいは生態学的にも注目された（多田，1998a；多田，2007）．つまり，化学農薬の過度の使用により生態系を攪乱し，また残留農薬による食品安全性への危惧，といった人間環境への問題も引き起こしてきた．こうしたことから，毒性や残留性の低い農薬の開発が望まれるようになった．

その後，国内でも環境やヒト（哺乳類）に対する安全性が高く，標的生物（目的とする害虫，雑草や病原菌など）のみに作用する選択性の高い農薬（低毒性，低蓄積性，易分解性）に変わりつつある．たとえば，昆虫の表皮をかたちづくるキチンの生合成を阻害（脱皮阻害）する昆虫成長調節剤（IGRs）（満井，2000）や昆虫の幼若ホルモン様化合物であるメソプレンのように，ヒトにはない作用点に働くものが殺虫剤として用いられている（表2-2）．

さらにカーソンは，化学農薬（化学的防除）に代わる「自然そのものにそなわる力を利用する」方法，つまり，天敵などの利用による生態学的方法や生物的防除（生物農薬）を推奨している．そこには，化学薬品による雄の不妊化，昆虫の誘引剤（フェロモン*など）の開発，微生物の利用などの試みが紹介されている．その後，天敵などの活用による生物的防除により，1970-80年代にはブラジル（大豆），中国・江蘇州（棉），アメリカ・テキサス州南部（棉）など世界の国々から化学農薬の使用量が以前よりも80-90％減少したことが報告されている．最近では，これまでの生物的防除（河野，2009a）や害虫抵抗性作物などの方法も普及し，それら防除法と組み合わせた体系（さまざまな防除法をうまく組み合わせ，経済的被害を生じるレベル以下に害虫個体群を減少させ，かつその低いレベルを持続させるための害虫個体群管理のシステム），いわゆる総合的害虫管理（IPM）（河野，2009b）のなかで，新規防除技術の開発や安全性と環境影響を意識した化学農薬（殺虫剤）の開発もさかんになっている．

---

*昆虫はフェロモンとよばれる微量な化学物質を利用してコミュニケーションを図っており，ファーブル昆虫記に記されている昆虫の行動の多くは，フェロモンを交信の手段として利用していることが知られている．なお，フェロモン（pheromone）という言葉は，hormone（刺激する）とpherein（運ぶ）の合成語であり，「生物が生産，分泌し，他の同じ種の個体に特定の行動や生理的反応を起こさせる化学物質」と定義される（小川，2003）．

全体で約10万種，年間1000トン以上生産されるものは5000種程度とされている．そのうち日本では，約5万種が商業的に製造・販売されている．

このような化学物質は製造，運搬，貯蔵，使用の過程でその一部が環境中に出ていくことで，いまや地球上の生態系のあらゆるところにおよんでいる．経済活動をおこなっている地域はもとより，おおよそ人間活動のない，たとえば南極の氷からさえ微量の農薬が検出されている．これら化学物質は，環境中からだけでなく，人体はもとより母体と胎児をつなぐ臍帯中からも多数検出されている（表2-1）．最近では，日焼け止めとして用いられる酸化チタンや，防臭剤として使われている銀ナノ粒子などのナノスケール（1-100 nm；1 nmは1 mの1/10億）の構造を持つ粒子状物質（ナノマテリアル）が新たに用いられており（柏田，2009），まさに人類は，「化学物質の海を漂っている」といっても過言ではないだろう．

そもそも化学物質は，人類が19世紀半ば以降に新しくつくりだしたもので，化学工業で人為的に化学反応を起こさせて製造（化学合成）した人工の物質である．農薬など人工の物質は，意図的合成物とよばれ，有機化合物がその大部分を占める．炭素原子がつらなった鎖や環を基本骨格とし，これに水素，酸素，窒素，イオウ，塩素などの原子が結合した化合物を有機化合物といい，わずか10種足らず（多くは炭素，水素，酸素および窒素）の元素で3000万種を超える化合物をつくることができる（図2-1）．これは炭素原子の固有の性質に由来するものである．

一方，その他の化合物は無機化合物とよばれ，炭素原子を含まない化合物，および簡単な炭素化合物の酸化物，シアン化物，炭酸塩などの総称で，その構成元素の種類が100種前後におよぶにもかかわらず，まだ10万種程度しか知られていない．これらの化学物質のうちで，燃やすと発生する二酸化炭素（温暖化の原因物質），窒素酸化物，硫黄酸化物（大気汚染の原因物質）やダイオキシン（有機塩素化合物）などは，化学反応の過程で副産物として意図せずに発生した物質（非意図的生成物）であり，これまでの公害や環境問題の原因物質とされる（後述）．たとえば，ダイオキシン類は，ゴミ（塩素含有）燃焼時の発生だけでなく，一部の農薬（CNPやPCPなどの除草剤）の合成時に副産物として生成され，国内の水田に農薬とともに散布され，その後も広く蓄積されていることが知られている．これ以外にもアセトアルデヒド製造過程で副成

表 2-1　日本人胎児における臍帯中の化学物質濃度 (ng/g 湿重). (松井ほか, 2002 より改変)

化学物質	平均 SD	中央値	Max	Min
PCBs	0.107 ± 0.040	0.110	0.170	0.042
p,p'-DDT	0.006 ± 0.002	0.005	0.010	0.003
p,p'-DDE	0.225 ± 0.121	0.225	0.440	0.064
ヘキサクロロベンゼン	0.038 ± 0.055	0.021	0.180	0.005
クロルデン	0.015 ± 0.018	0.008	0.073	0.005
エンドスルファン	0.035 ± 0.019	0.032	0.073	0.007
ビスフェノール A	4.425 ± 5.037	1.940	15.240	0.350
トリブチルスズ	1.280 ± 0.369	1.300	1.800	0.500
重金属				
カドミウム	0.336 ± 0.720	0.300	0.460	0.290
鉛	27.102 ± 24.375	16.400	93.500	7.920

　DDT は，環境中では DDE に変化しやすい．ヘキサクロロベンゼン（略称 HCB, 有機塩素系殺虫剤）は，かつて穀物や種子の防かび剤，木材の防腐剤，衣料の防炎加工材などとして用いられたが，1979年に「化審法」の第一種特定化学物質に指定されて，その製造，輸入および使用が禁止された．クロルデン（有機塩素系殺虫剤）は，過去に農薬，シロアリ駆除剤および合板用防虫剤として大量に使用された．1986 年に「化審法」の第一種特定化学物質に指定された．
　エンドスルファン（有機塩素系殺虫剤）は，わが国では果樹，野菜，豆類，いも類，茶，花類などに散布．PRTR 対象物質（第一種）に指定．ビスフェノール A は，食器などに用いられるポリカーボネート，エポキシ樹脂などのプラスチックの主原料，酸化防止剤，難燃剤，防カビ剤，合成ゴムの安定剤．PRTR 対象物質（第一種）に指定．
　トリブチルスズは，かつて漁網と船底の防汚剤および紙，目次塗料などの殺菌・防カビ剤として広く用いられたが，環境汚染の拡大とともに各国で使用が抑制され，わが国でも 1990 年に「化審法」の第一種特定化学物質に指定された．イボニシなどの貝類にインポセックス（メスが成長に伴いオスの特徴を持つ現象）を引き起こすことでも知られる．
　カドミウムは，亜鉛の精錬所やメッキ工場の廃液，不用になった電池やプラスチック製品の焼却などを通じて環境に放出される．とくに水中における貝類への生物濃縮が著しく，食品汚染を拡大している．なお，わが国では米（玄米）に高濃度（1 mg/kg）で検出されることがある．PRTR 対象物質（第一種）に指定し，さらに健康保護のための水質環境基準（0.01 mg/l）を設定．
　鉛は，精錬所の排ガスと廃液，自動車排ガス，各種化学商品の使用と廃棄後の処理（燃焼や埋立）などを通じて環境に放出される．その量は世界全体で年間 100 万トン近くに達し，これまでの総放出量は 3 億トンにおよぶと推定されている．このため，環境中の鉛汚染は年々増大し，大気，水，食品などを通して人体に取り込まれ，鉛の血中濃度は，産業革命以前の人と比べて 100-300 倍のレベルであり，鉛汚染の現状は世界的にきわめて深刻である．わが国では，PRTR 対象物質（第一種）に指定し，水質環境基準（0.05 mg/l）を設定．

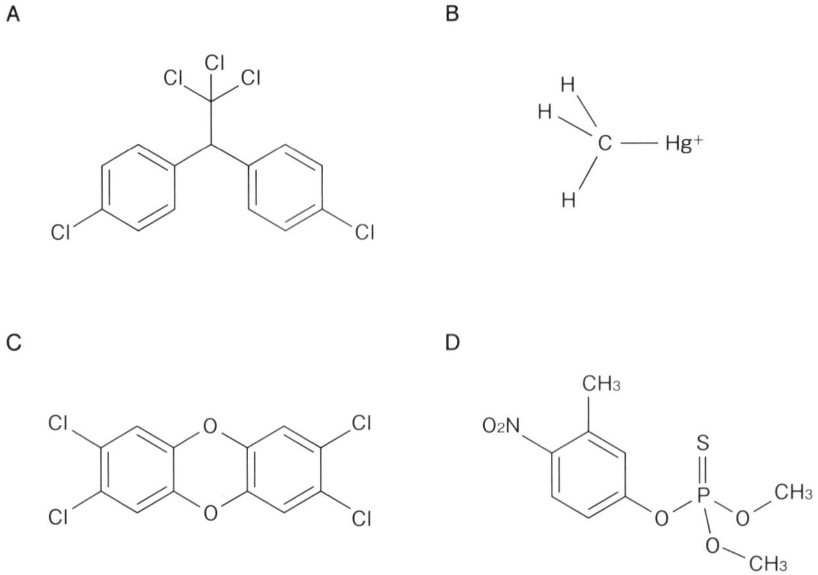

図2-1 さまざまな化学物質の構造式. A：DDT（ジクロロジフェニルトリクロロエタン, 有機塩素系殺虫剤), 構造式中に塩素（Cl）を含む. B：メチル水銀（水中, ならびにヒトや動物の体内では, メチル水銀イオンのかたちで水に溶けた状態で存在する). C：2, 3, 7, 8-テトラクロロジベンゾパラジオキシン（TCDD), ダイオキシン類（dioxins）は, 75種のポリ塩化ジベンゾパラジオキシン（PCDD), 135種のポリ塩化ジベンゾフラン（PCDF), および十数種のコプラナー PCB（coplanar PCB）の総称であり, 2, 3, 7, 8-TCDD はダイオキシン類のなかではもっとも毒性の強い化合物. D：フェニトロチオン（有機リン系殺虫剤), 構造式中にリン（P）を含む.

され, 水俣病の原因物質となったメチル水銀も非意図的生成物である.

化学物質の毒性

　化学物質は, カーソンが『沈黙の春』で取り上げた DDT（有機塩素系殺虫剤）やコルボーンらが『奪われし未来』で取り上げて, 内分泌攪乱化学物質（環境ホルモン→Box-3；多田, 2011）としても注目された DDT や PCB など有機塩素化合物のように自然界には存在せず, それらの化学構造は, 自然界に分布する生体構成成分とは基本的に異なるものが多く, 生体異物質（xenobiotics；xeno は「異なること」）とよばれ, 生体に対してどちらかといえば有害な性質（毒性）を示すものが多い. それは, 35億年以上の長い歴史のなかでつくりあげられてきた生命が, 19世紀以降に登場したごく新しい物質（人工の化学物

Box-3 環境ホルモン(内分泌攪乱化学物質)
——新たな毒性作用

『沈黙の春』(1962)において,カーソンは,DDT(有機塩素系殺虫剤)をはじめとする農薬が大量に環境中に放出されて,それが食物連鎖を通した生物濃縮により生態系に深刻な影響をおよぼすことを指摘し,「春になっても鳥は鳴かない」と,化学物質による環境破壊に警鐘を鳴らした.この告発を受け,1970年代以降,アメリカをはじめとする先進諸国では,DDTなど多くの農薬の製造や使用が禁止された.

ところが,コルボーンが,『沈黙の春』の舞台となったアメリカの五大湖周辺を調査したところ,DDTの散布を中止してから20年以上も経っているのに,多くの鳥や魚で生殖異常が見られた.さらに,多くの地域のさまざまな野生生物種(ワニ,アザラシ,シロイルカなど)で,生殖器官や繁殖能力の異常,免疫不全などの報告がなされていることがわかった(コルボーンほか,2001).そこで,コルボーンは,その原因であると思われる化学物質が野生生物の生殖異常などを引き起こす新たな毒性作用を明らかにするため,1991年7月,ウィングスプレッド会議センター(米国ウィスコンシン州のミシガン湖畔ラシーン市)に生態学,毒性学,内分泌学など異なる分野の21名の研究者たちを一堂に集め,化学物質によるホルモン作用の攪乱ということについて検討した結果,到達した結論をつぎのような「ウィングスプレッド宣言」というかたちで公表した.

①これらの化学物質は,ごく微量(低用量)で,生体内の女性ホルモン(エストロゲン)と類似の作用,あるいは抗男性ホルモン(抗アンドロゲン)作用などの内分泌を攪乱させる作用(内分泌攪乱性)を持つ.
②多くの野生生物種は,すでにこれらの化学物質の影響を受けている(→第2章2.3(2)).
③これらの化学物質は,人体にも蓄積されている.

③については,大人や子ども(幼児・小児)の食事からの取り込みや母乳から乳児への移行だけでなく,母胎の臍帯中には,有機塩素化合物,ビスフェノールA,鉛など多数の内分泌攪乱化学物質(環境ホルモン)が検出され(表2-1),これらの化学物質が胎盤を経由して胎児に移行している.まさに,「いまや,人間という人間は,母の胎内に宿ったときから,おそろしい化学薬品(物質)の呪縛のもとにある」といえる.

この会議を主催したコルボーンは，その5年後の1996年に，ダイアン・ダマノスキ（Dianne Dumanoski），ジョン・ピーターソン・マイヤーズ（John Peterson Myers）と共著で，環境ホルモン問題を社会に問う『奪われし未来』を出版した．それによって，この問題は急速に世界に広がっていった．内分泌攪乱性を持つ外因性の物質（内分泌攪乱化学物質）は，一般に「正常ホルモンの産生，分泌，輸送，代謝，排出，レセプター（ホルモンの受容器）への結合，作用などを阻害し，それを通じて生体に健康障害をもたらす外因性の物質」と定義されている．内分泌攪乱性が知られているか疑われている化学物質の多くは，DDTをはじめとする農薬であるが，ビスフェノールAなどの樹脂の原料，プラスチックの製造に関連して（プラスチックの可塑剤に）用いられるフタル酸エステル類，ノニルフェノールなどの界面活性剤の原料，トランスオイルや熱媒体などの用途に使われたPCB，船底塗料などに含まれる有機スズ化合物など，これら意図的合成物以外にもダイオキシン類（非意図的生成物）や鉛，カドミウム，水銀などの重金属である．
　カーソンは，『沈黙の春』のなかで，有害な化学物質などによって，人間の「四人にひとり」は，いずれがんになると警告している．それに対して，コルボーンらは，「人体に及ぼす化学物質の影響については，発がん性だけでなくホルモン作用の攪乱ということにも目を向けなければならない」と，『奪われし未来』の「がんだけでなく（Beyond Cancer）」で，「がんは実に劇的な病である．（中略）しかし，種全体にとっては，致命的な脅威ではない．個人の身に降りかかった場合，がんは悲劇以外の何物でもないが，人類の存続を不可能にするというわけではないのである．ホルモン作用攪乱物質は，生殖能力や発育を知らず知らずのうちに蝕んでいる．しかもその影響がおよぶ範囲もじつに広い．だからこそ，この有害物質には，種全体を危機に陥れるおそれがある．人類ですら安閑としてはいられないだろう」と述べている．
　しかしながら，カーソンも『沈黙の春』で，DDTをはじめとする農薬の広範な自然環境への分布と，食物連鎖による生物への蓄積だけではなく，生殖や次世代への影響について警告している．すなわち，「コマドリの生殖能力そのものが破壊されている——．《たとえば，コマドリでもまたほかの鳥でも，巣をかけるが，卵を産まないことがある》」とコマドリの生殖器官や卵からDDTが検出されたことから，「殺虫剤の害は，それにふれた世代のつぎの世代になってあらわれる」こと，さらに，アメリカの象徴であるワシについても，「この十年間のうちに，ワシの個体数はおそろしく減少した．調査してみると，ワシの環境に何か原因があって，生殖能力を大きく破壊しているのではないかと思われる」と，すでにホルモン作用の攪乱に結びつくような生殖能力や発育を蝕んでいる

ことについて報告している．

　このようにカーソンは，『沈黙の春』の「そして，鳥は鳴かず（And No Birds Sing）」で，すでに DDT の生殖（内分泌系への）異常による影響や次世代影響に気づいていた．つまり，1990 年代終わりの環境ホルモン問題につながる DDT の内分泌攪乱を，この時期，すでに予言していたと考えられる．

　コルボーンらが，『奪われし未来』で，「有毒の遺産（the hand-me-down poisons）」として取り上げた環境ホルモンは，きわめて低用量でも有害な影響がある疑いが指摘されて社会問題になり，その後の研究から，環境ホルモン問題は，つぎの3つの点から「リスクの視点を変えた」といわれている．

①低用量効果
　これまでの有害な化学物質にはない，ごく微量でホルモン疑似作用を持つ．
②考慮すべき毒性範囲
　これまでの化学物質の急性毒性や発がん性から，生殖や免疫，神経系への悪影響へと毒性の範囲が広がった．
③リスク低減目標
　これまでの一般の成人の「死」に対するリスクを低減目標にするのではなく，「高感受性期（胎児，乳・幼児期）」（化学物質の影響に脆弱な集団）を視野に入れた，「子どもや将来世代の生活の質の低下」をリスク低減目標にする必要がある．

　このように環境ホルモンの影響は，成人（大人）では影響を打ち消すが，発達段階にある胎児や幼児には微量でも中枢神経や免疫系などに影響が残り，後になってなんらかの異常が現れる可能性がある（森，2002）．そこで，成人ではなく，「有毒の遺産」を受け継ぐ子どもや将来世代を考慮に入れた環境基準などリスク低減目標の設定が，今後の化学物質政策で必要とされるであろう．そこで，将来世代の健康に影響をもたらす化学物質曝露をはじめとする環境要因を解明し，「高感受性期」の脆弱性を考慮したリスク管理体制の構築を図るための「子どもの健康と環境に関する全国調査（通称「エコチル調査」）」が，環境省により妊娠時から10万人を対象に 2010 年度から開始されている（2025 年度に中間とりまとめ）．これは，胎児の期間から 13 歳に達するまで，定期的に健康状態を確認することで，環境汚染物質が，胎児，乳・幼児から子どもの成長・発達にどのような影響を与えるのかを明らかにするものである．

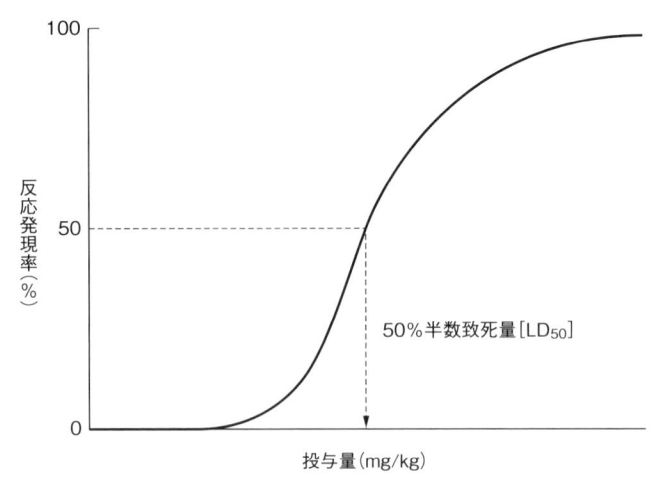

図2-2 化学物質の用量-反応曲線.

質）に対して，まだ慣れ親しむ機会が少なすぎるので，扱い方を知らないためと考えられている．つまり，それらによって体内の秩序が乱されると，防ぎようがない場合が多いのである．この毒性とは，化学物質が生物の体内に取り込まれたときにおよぼす有害な作用のことであり，大きく一般毒性とその他の特殊毒性（後述）に分けられる．そのうち，一般毒性は，死亡と体重の減少，臓器（肝臓，腎臓，肺など）の異常，一般的な神経・知覚・運動障害，皮膚・粘膜障害などの健康障害で，さらに急性毒性と慢性毒性に分けられる（泉，2004）．

では，「化学物質の毒性の強さはどのように判断するか」．これを知るには，仏教用語の「四苦（生老病死）」にあてはめて考えるとわかりやすい．まず，急性毒性は，「四苦」のうち「死」（死亡）（すぐに死んでしまう）を調べることで判断する．すなわち，化学物質による曝露を受けてから数日（48, 72時間）以内に現れる毒性であり，その強さは，一般に半数致死量（median lethal dose; 略称 LD_{50}），つまり，実験動物（普通ラットが用いられる）の半数（50%）を数日で死亡させるのに必要な化学物質の1回投与量によって表される．よって急性毒性は，短期間での比較的高濃度での化学物質の影響を調べる場合に用いられる．実験動物に対して経口投与したときの値が標準に用いられる場合が多く，その値は用量-反応曲線（図2-2）から求めることができる．

表 2-2 農薬と身のまわりの物質のラット（試験動物）を用いた経口急性毒性（48-hLD$_{50}$）．（金澤，1992 より改変，満井，2000 より）

物質名	48-hLD$_{50}$（mg/kg）
パラチオン（有機リン系殺虫剤）	3.6
青酸カリ	10
メソミル（カーバメート系殺虫剤）	50
DDT（有機塩素系殺虫剤）	118
フェニトロチオン（有機リン系殺虫剤）	570
アスピリン（解熱・鎮痛剤）	1000
パーメスリン（ピレスロイド系殺虫剤）	1500
食塩	3000
ディフルベンズロン（昆虫成長調節剤）	＞4640
ベノミル（殺菌剤）	＞5000
エチルアルコール	7000
砂糖	29000
メソプレン（幼若ホルモン様物質）	＞34600

メソミルは，野菜，ダイズ，サツマイモ，茶などに散布．また，ゴルフ場でも使用される．パーメスリンは，シロアリなど木材害虫の防除剤として使用される．ベノミルは，果樹，野菜，豆類，いも類，茶などに散布．ゴルフ場でも使用．

ディフルベンズロンは，昆虫の表皮の主成分であるキチンの合成を阻害することによって幼虫の脱皮を妨げることから，従来の殺虫剤とは化学的にも殺虫の症状や作用機構においてもまったく異なる．森林害虫などの防除に用いられるが，森林の河川に生息するカゲロウ，トビケラなどの水生昆虫に影響をおよぼすことが知られる（Satake and Yasuno, 1987）．

メソプレンは，昆虫の幼若ホルモンと同様な作用をする合成物質であり，幼虫に大量に与えられると，生殖可能な成虫にまで成長できなくなる．おもにハエやカなどの衛生害虫の防除に用いられる．

表 2-2 には農薬と身のまわりの物質の経口急性毒性値（48 時間の LD$_{50}$; 48-hLD$_{50}$）を示しているが，わが国では原則として，この値が体重 1 kg あたり 30 mg 以下のものが毒物，そして，30-300 mg のものが劇物に指定されている．動物実験による吸入曝露の場合や水生生物（メダカやミジンコなど）による水中曝露の場合には，半数致死濃度（median lethal concentration; LC$_{50}$），つまり，実験動物や試験生物の半数が死亡する大気中濃度や水中濃度が，急性毒性の目安としてよく用いられる．よって，水生生物の場合には，試験生物の半数（50%）をある時間で死亡させるのに必要な化学物質（たとえば農薬）の水中濃度で表される．曝露時間は，大気中では数時間，水中では 48, 72 時間とされることが多く，このような条件のもとで吸入曝露の LC$_{50}$ 値が 2500 mg/l 以

表2-3 化学物質の特殊毒性.

特殊毒性	毒性の現れ
生殖（繁殖）毒性	不妊など生殖機能への悪影響
発生毒性	卵から個体になるまでの発生期間への悪影響
免疫毒性	免疫機能の低下など
神経毒性	学習能力の低下や行動異常
内分泌攪乱性	内分泌系の働きへの悪影響
発がん性	腫瘍を体内に生み出す作用
変異原性	遺伝子変異や染色体異常を引き起こす作用
生態毒性	生態系への悪影響，すなわち水生生物への悪影響
催奇形性	奇形を生み出す毒性

　毒性の現れを検出するためには，それぞれ別途の毒性試験が必要とされる．とくに生殖毒性と免疫毒性について，比較的微量の化学物質への曝露によって障害が引き起こされるケースが多い．ただし，内分泌攪乱性により，生殖（繁殖）毒性，発生毒性，免疫毒性，発がん性，変異原性，催奇形性などの特殊毒性が引き起こされる．

下，また水中曝露の LC_{50} 値が $1\ mg/l$ 以下であれば急性毒性はかなり強いといえる．ルネサンス期のスイス人医師，薬剤師（錬金術師），後にバーゼル大学教授となったパラケルスス（Paracelsus, 1493-1541）が，「すべての物質は毒であり，毒でないものはありえないのであって，まさに用量（用いる量）が毒と薬を区別するのである」といったように，風邪薬（アスピリン）も用量を守って服用しなければ毒となり，食塩や酒（エチルアルコール），砂糖でも「さじ加減」を誤ると毒になりうる（表2-2）．よって，すべての化学物質はヒトや環境に対して有害になりうる（毒性を持つ）といえる．

　このように最近の毒性学の立場では，「毒性」は特定の「毒」（たとえば，フグ毒）だけが持つ性質と見るのではなく，あらゆる化学物質に備わっている普遍的な性質の1つであると理解されている．そして，このような毒性を備えた化学物質が実際にヒトや生態系に有害な作用（ハザード）をおよぼすかどうかは，ひとえにその化学物質の摂取方法（使用方法）と摂取量（使用量）によって決まるといえる．

　一方，慢性毒性は，「四苦」のうち「老」や「病」（寿命が短くなる，病気になるなど）を調べることで判断する．すなわち，慢性毒性は，微量の化学物質でも長期間にわたって（場合によっては寿命近くまで），くりかえし曝露を受けたときの体重の減少，臓器（肝臓，腎臓，肺など）の異常，一般的な神経・知覚・運動障害，皮膚・粘膜障害などの健康障害として現れる．

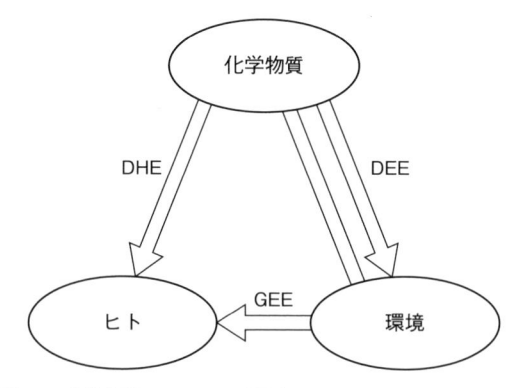

図2-3 化学物質のヒトおよび環境への曝露ルート．化学物質のヒトおよび環境への曝露ルートは，DHE（直接人間曝露），DEE（直接環境曝露）とGEE（一般環境曝露）の3つに分けることができる．（及川・北野，2005より）

　一般毒性に対して特殊毒性には，表2-3のように9つの毒性が含まれる．生態毒性以外は，ヒトに対する毒性であり，とくに生殖毒性と免疫毒性について比較的微量の化学物質への曝露によって障害が引き起こされるケースが多い．近年，ヒトは環境の一部であり，生態系（多様な生物とその生息と生育の基盤となる大気，水，土などの自然的構成要素，それらのあいだの物質やエネルギーのやりとりを合わせたもの）を構成するほかの生物との共存なくしては生存できないことから，生態系保全の重要性が指摘され，生態系への有害作用，つまり生態毒性も重視されるようになっている．その毒性の強さを調べるには，国内では「化審法」（→第5章5.1(2)）などの法律の定めた藻類（単細胞緑藻類）による増殖阻害試験，メダカなどの魚類毒性試験，ミジンコ類（オオミジンコなど）による急性遊泳阻害試験や繁殖阻害（産仔数の減少）試験などが用いられている．

　一方，それぞれの化学物質には，単一の毒性だけではなく複数の毒性を有するのが一般的である．ただし，化学物質によってはこれまでに動物実験などによって調べられていない特殊毒性があるため，ある化学物質のすべての特殊毒性が知られているわけではない．たとえば，DDTには，免疫毒性以外のすべての特殊毒性が知られているが，アスベスト（→第5章5.1(1)）には，発生毒性，発がん性と変異原性のみが知られている（泉，2004）．

化学物質の曝露

それでは、普段の生活のなかでこれら化学物質にどのようにして曝露されているのだろうか。化学物質のヒトおよび環境への曝露ルートは、大きく3つに分けることができる（図2-3；及川・北野, 2005）。ここで、DHE（direct human exposure）は直接人間曝露, DEE（direct environment exposure）は直接環境曝露, そしてGEE（general environment exposure）は一般環境曝露を意味している。DHE は, さらに経口, 経皮, 吸入に分類される。たとえば, 色素や保存料を含む食品の摂取は経口ルートの DHE であり, 家庭で殺虫剤などのエアゾールを噴霧したり, 工場で有機溶媒を用いてこれを吸い込むことは吸入ルートの DHE となる. このほか, 湿布薬が皮膚から吸収されるのは, 経皮ルートの DHE の例である.

一方, 除草剤などの農薬を環境に直接散布することは DEE である. 野外で直接用いられる農薬や塗料に含まれる VOC*（揮発性有機化合物）などの化学物質は大気中に拡散する. 農薬や医薬品, 食品添加物, 化粧品, 洗剤（シャンプー）などは, 河川・湖沼などの陸水から海に流入する. DDT など過去に使われた農薬や水銀, カドミウム（以上, 過去に使われた農薬由来）, 鉛などの重金属や PCB, ダイオキシン（CNP や PCP などの除草剤由来）などは, とくに水田, 土壌や底質（湖底や海底）などに蓄積することが知られている. この場合, たとえば, 重金属（カドミウムなど）が作物（米など）に残留し, その作物を通して重金属を摂取することは GEE である. このほか, さまざまな化学物質で汚染された水や魚介類を摂取することも GEE となる. すなわち, GEE は化学物質が一度環境に出た後, 水や大気, 動植物を通してヒトがその化学物質に曝露される形態である. よって, この形態でヒトが化学物質に曝露され, 健康被害が生じることが公害や環境問題である.

---

*トルエン, キシレンなどの揮発性を有する有機化合物の総称で100種類以上の物質があり, 塗料, インク, 溶剤（シンナーなど）などに含まれるほか, ガソリンなどの成分になっている. また, VOC は大気中の汚染物質（人間活動によって環境中に放出され, 残留性が高く, 放出量が莫大である物質；渡邉, 2003）である光化学オキシダント（窒素酸化物と炭化水素とが光化学反応を起こし生じる, オゾンやパーオキシアシルナイトレートなどの酸化性物質［オキシダント］の総称であり, 光化学スモッグの原因となる物質）や SPM（浮遊粒子状物質）の発生原因と考えられており, シックハウス症候群の原因物質でもある.

表 2-4　化学物質の環境中における分解と濃縮・蓄積.（及川・北野，2005 より）

環境	分解		濃縮・蓄積	
	生物	非生物	生物	非生物
大気		光分解		滞留
水	生分解	光分解 加水分解	生物濃縮・蓄積	滞留・蒸発
土壌 底質	生分解	土壌分解 底質分解	生物蓄積	物理的な吸着

化学物質の移動，分解と濃縮

　環境中に放出された化学物質は，表 2-4 に示すようなさまざまな変化を受けるが，大部分の化学物質が水中に移行し，微生物によって分解される．その一方で，食物連鎖（網）により高次の生物に生物蓄積される．そのため，環境中の化学物質濃度は，おもには微生物による生分解により徐々に低下する．食物連鎖（網）のより上位の生物に濃縮・蓄積され，生物中の化学物質濃度は徐々に上昇することが知られている．これらはおもに水，土壌・（湖底や海底などの）底質に生息する生物によっておこなわれるので，化学物質の生物への移行ともいえる．

　なお，土壌・底質には，カドミウムなどの重金属，DDT，PCB やダイオキシンなどの残留性の高い化学物質（汚染物質）や VOC などがほかの環境に比べて高濃度で蓄積されていることが知られている．たとえば，国内のダイオキシン類の濃度範囲は，大気（721 地点）では，0.0032-0.26 pg（pg は g の 1/1 兆の単位）-TEQ（毒性の強さを加味したダイオキシン量の単位）/m^3，水質（1714 地点）では，0.013-3.0 pg-TEQ/l であるが，土壌（1073 地点）では，0-190 pg-TEQ/g，底質（1398 地点）では，0.067-540 pg-TEQ/g である（環境省「平成 20 年度ダイオキシン類に係わる環境調査結果」）．

　カーソンは，「おそるべき力」になりうる化学物質のうちで，生物にとって蓄積性の高い化学物質を取り上げ，いくつかの事例によって紹介している．そのうち水圏では，「一つの生命から一つの生命へと，物質はいつ果てるともなく循環している．水中にひとたび毒が入れば，その毒も同じように，自然の連鎖の輪から輪へと移り動いていくのである」．植物から動物の生命の連鎖が，「毒の連鎖」に変わり，「生物は濃縮する」と指摘する．カーソンは，このこと

をカリフォルニア州のクリア湖の例をあげて説明する．

サンフランシスコ北方のクリア湖は，釣りをする人にはなじみがあったところだったようだが，クリア湖といいながら，水はくすみ，底も浅い．ここには小さなブユがいて，釣り人や湖畔の別荘地の人びとを悩ませていた．そこで，ブユの防除のためにDDD（DDTの関連化合物）という有機塩素系殺虫剤を薄めて水中（最高で0.02 mg/l）に散布（1949年）したところ，ブユは二度目の散布（1954年）でほとんど全滅した，と思われた．やがて冬がくると湖のカイツブリが死に始めて，カイツブリの巣のコロニーも減り始め，最後には巣はつくったものの，湖ではカイツブリのひな鳥はもう見られなくなった．カイツブリの脂肪組織を分析してみると，1600 mg/l という異常に濃縮したDDDの蓄積が検出された．そこで，クリア湖の各種生物体内のDDDを分析してみると，毒（DDD）を初めに吸収する一番小さな生物であるプランクトンからも，5 mg/l（水中の最大濃度の約25倍，生物濃縮係数* = 25）が検出され，プランクトンを食べる魚では40-300 mg/l，肉食魚のナマズ類では2500 mg/l という驚くべき蓄積量に達していることがわかった．

DDDを最後に散布してからしばらくすると，DDDはあとかたもなく消えてしまった．だが，湖から毒が姿を消したわけではなく，湖水にいる生物の組織に，毒が移っただけのことだった．水そのものはきれいになっているのに，毒だけは世代から世代へと伝わっていったのだ．DDDの二度目の散布後1年経った後も，湖の魚という魚，鳥という鳥，カエルというカエルからDDDが検出された．DDD使用後9カ月目に孵化した魚，またカイツブリでは，2000 mg/l を超える濃度が見られたのである．水は，生命の輪と切り離しては考えられない．水中に漂う植物プランクトンに始まり，動物プランクトンや，さらにプランクトンを水から濾して食べる魚，そしてその魚はまたほかの魚や鳥の餌となる．カーソンは，「自然界では，一つだけ離れて存在するものなどないのだ」と強調する．

その後，環境ホルモン問題のきっかけとなった著書『奪われし未来』のなか

---

*生物濃縮係数（bioconcentration factor; 略称BCF）は，水中の生物と水との平衡状態における生物体中の濃度（C）を媒体（この場合は水）中の濃度（S）で除した値（C/S），すなわちBCF = C/S（生物体中には環境中の何倍の濃度で濃縮されているか）で表される（多田，2006 b）．

でコルボーンらは，オンタリオ湖におけるPCB（DDTなどと同様に生物体内では脂肪組織に蓄積しやすい）の生物への蓄積について解説している（図2-4）．まず，湖水中の植物プランクトンが，湖底に沈殿している汚染物質と水からPCBを摂取する．この植物プランクトンが，動物プランクトンに捕食され，この動物プランクトンをアミ（エビに似た微小な甲殻類）が捕食し，続いて魚類（マスなど）がそれを捕らえて生物体中に蓄積していく．この場合，化学物質（ここではPCB）が水中から魚類の鰓などを通して直接体内に取り込まれることによる生物への濃縮を生物濃縮（bioconcentration）といい，この場合の食物連鎖（植物プランクトン→動物プランクトン→魚類）による魚類への蓄積をバイオマグニフィケーション（biomagnification）という．これら2つを合わせて魚類への生物蓄積（bioaccumulation）（＝生物濃縮＋バイオマグニフィケーション）という．そうして，つぎつぎと食物連鎖を上りつめていったPCBは，魚類を餌とするセグロカモメの体内に収まることになり，その脂肪組織に濃縮されたPCB量は，水中の2500万倍，つまり生物濃縮係数が2500万にも達してしまったのである．

(2) 化学物質と環境問題

　産業革命を契機とした人間活動の飛躍的拡大や人口の爆発的な増加は，地球の環境に大きな負荷をもたらした．今日の社会は，大量生産，大量消費，大量流通，大量廃棄の経済活動により，このままでは資源の枯渇を招き，地球の温暖化は進み，廃棄物（ゴミ）の増加などにより生態系は破壊され，その持続性が危惧されている．また，新興国や開発途上国の急激な人口増加と経済成長を背景に地域の公害や地球規模の環境問題が深刻化すれば，水・食料問題や貧困問題もさらに深刻化するおそれがある．

　温暖化，オゾン層の破壊，酸性雨，野生生物種の減少，熱帯林の減少，砂漠化，海洋汚染，開発途上国の公害問題，有害廃棄物の越境移動などいわゆる環境問題は，図2-5に示すように相互に関係して，それぞれが独立した問題ではなく，問題の総体としての「問題群」としてとらえることができる．ここに示した矢印はおもだったものが示されており，詳細に見ればもっと複雑になる．たとえば，オゾン層を破壊するフロン（冷媒，溶剤，発泡剤，消火剤，エアゾール噴霧剤などに大量に用いられたが，今日ではさまざまな法律や条約によっ

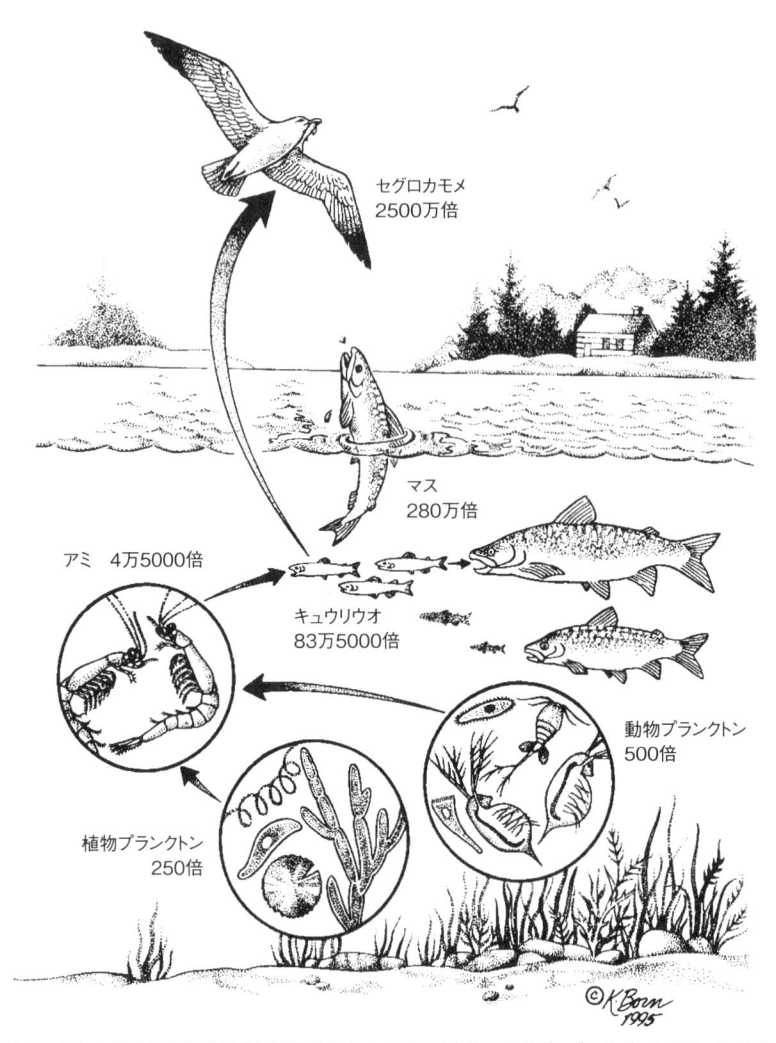

図 2-4　オンタリオ湖における食物連鎖を通した PCB の生物への蓄積．（コルボーンほか，2001より）

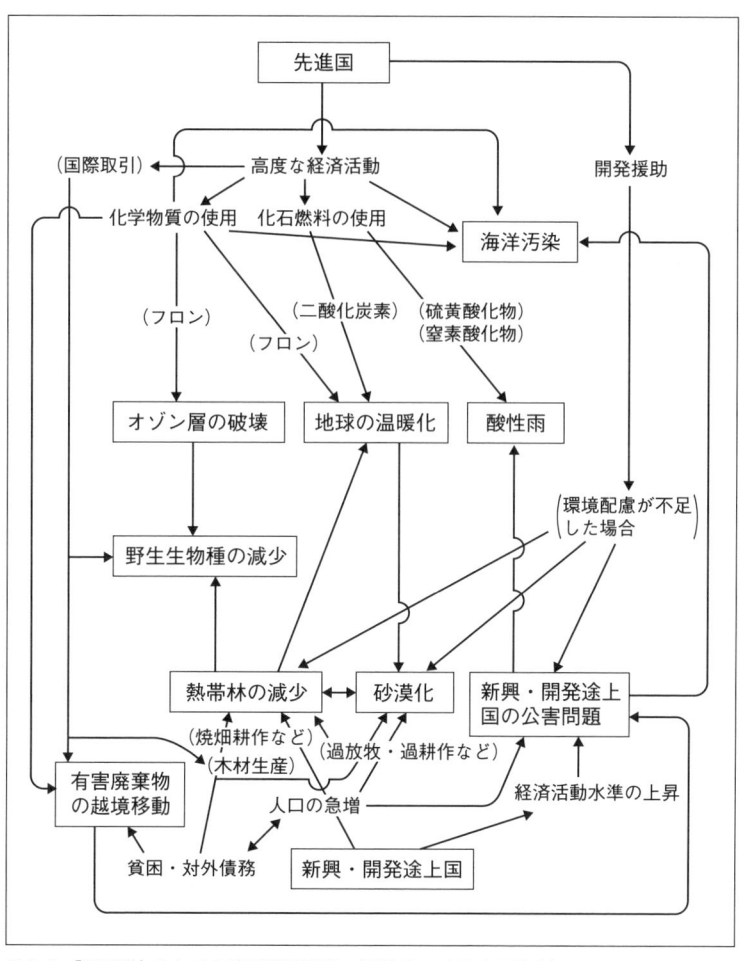

図 2-5 「問題群」としての地球環境問題. (環境庁, 1990 より改変)

て使用には大幅な制限がかけられている）は，温暖化をもたらす原因物質の1つでもあり，森林の減少は二酸化炭素の吸収の減少を通じ温暖化を加速する．温暖化が進むと，気候の変化に植生の変化が追いつかなくなるおそれがあり，また，降水パターンが変化し，森林は衰退し，砂漠化が進むことになる．熱帯林の減少は，野生生物の種の減少の最大の要因になる．さらに，海洋汚染は海による二酸化炭素の吸収を妨げ，温暖化を進行させる．

　このように，1つの環境問題がほかの環境問題の原因となり，また結果になっているという側面が多々あるのである．一方で，過去に地下水汚染を引き起こしたトリクロロエチレンなどの有機塩素系溶剤に代替して，生体に対する毒性のないフロンの利用拡大を進めたが，その後，そのフロンがオゾン層の破壊の原因物質になるなど，1つの環境問題を解決するための技術的対応がほかの環境問題を引き起こすこともある．地球環境問題は，さまざまな要因が相互に絡まりながら発生するものであり，地球規模の環境問題の解決には個々の問題に対処するだけではなく，それぞれの問題の関係やつながりを理解することが大切である．

　カーソンが取り上げたDDTなどの農薬やPCBをはじめとする意図的合成物やダイオキシンなどの非意図的生成物による大気，水，土壌の汚染と，それら化学物質が原因となる生態系の破壊が報告されている．すなわち，光化学スモッグや酸性雨などの大気汚染（どちらも非意図的生成物が原因），フロン（意図的合成物）によるオゾン層の破壊，二酸化炭素（非意図的生成物）などによる温暖化など，地球規模で起こっている環境問題のほとんどすべてに環境中のおもに非意図的生成物が関係しており，これまでの公害や環境問題は化学物質問題といっても過言ではない（表2-5）．

　カーソンが，「いまでは化学薬品によごれていないもの，よごれていないところなど，ほとんどない．大きな川という川，そればかりか地底を流れる地下水もまた汚染している」，「自然界では，一つだけ離れて存在するものなどないのだ．私たちの世界は，毒に染まってゆく」と述べているように，化学物質は地球規模の大気・水循環や生物への蓄積によっていたるところに広がり続けて，現在の環境問題の主要な要因となったのである．

表 2-5 公害や環境問題のおもな原因物質.

公害・環境問題	おもな原因物質	意図的・非意図的
水俣病	アセトアルデヒド製造過程で副成されたメチル水銀化合物	非意図的生成物
大気汚染（酸性雨）	工場や自動車などの化石燃料（石炭・石油など）の燃焼により生成された硫黄酸化物（SO_2）や窒素酸化物（NO_2）	非意図的生成物
光化学スモッグ	工場や自動車などから排出された窒素酸化物（NO_2）および VOC（揮発性有機化合物）が，紫外線による光化学反応によって生成した光化学オキシダント（≒オゾン）と SPM（浮遊粒子状物質）	非意図的生成物（ただし，VOC は意図的合成物）
オゾン層の破壊	エアコンや冷蔵庫などの冷剤，電子部品の洗浄，発泡スチロールの発泡剤，スプレーなどに使用されたフロンや小型消火器に用いられたハロンや臭化メチル	意図的合成物
温暖化	化石燃料の燃焼により生成された二酸化炭素など	非意図的生成物
ダイオキシン	ゴミの焼却による生成と除草剤（PCP, CNP）の副産物	非意図的生成物
海洋汚染	廃棄物や油，DDT や PCB などの POPs（残留性有機汚染物質）	意図的合成物

2.3 「生命の連鎖が毒の連鎖に変わる」——化学物質の生態系への影響

(1) 陸水生態系——農薬の河川・湖沼生態系への影響

陸水生態系と農薬

　ヒトだけでなく，すべての生物にとって，水は体の 50-90% を占めるもっとも重要な成分であり，水なしでは生きていくことができない．「青い惑星」といわれる地球は，約 14 億 km^3 の水によって表面の 70% が覆われている．そのうち 97.5% が塩水で，淡水は残りの 2.5% にすぎない．海から蒸発した水は雲となり，陸に雨や雪となって降り注ぐ．蒸発した水は塩分を含まないため，雨は淡水として湖や川などを潤し，陸上の生命を育むのである．カーソンが「地表の水，地底の海」とたとえたように，淡水のおよそ 70% が氷河・氷山であり，残りの 30% のほとんどは「地底の海」である地下水である．そのため，人間が利用しやすい河川や湖沼など陸地で取り囲まれた水域（陸水，ただし，

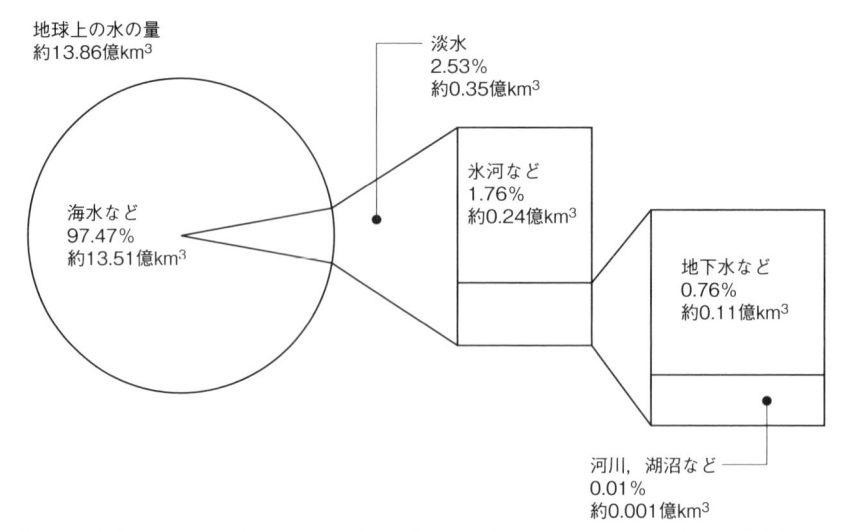

```
地球上の水の量
約13.86億km³

海水など
97.47%
約13.51億km³

淡水
2.53%
約0.35億km³

氷河など
1.76%
約0.24億km³

地下水など
0.76%
約0.11億km³

河川，湖沼など
0.01%
約0.001億km³
```

図2-6　地球上の水の量．水の97%は海水で，淡水はわずか3%であり，ヒトが水を「使う」という場合は淡水が対象となる．その8割は氷で，地表にある利用可能な淡水は地球の水の0.01%にすぎない．河川水に限れば水全体の100万分の1である．水が循環資源でなければ，あっという間に枯渇する．（国土交通省，2010より）

高濃度の塩分を含んだ内陸塩湖もある）に存在する「地表の水」は，淡水のうち約0.4%にすぎない．これは，地球上のすべての水のわずか0.01%にあたり，そのうち約10万km³だけが，降雨や降雪で持続的に再利用可能な状態にあるとされている（図2-6）．

　現在，世界の人口のほぼ3分の1にあたる20億人の人びとが水不足に悩まされているが，このペースで「地表の水」を消費し続ければ，2025年には世界の半分の40億人，そして2050年には3分の2を超える70億人の人びとが，水不足に直面するなど影響を受けると予想されている（竹本，2010）．「20世紀は石油の世紀」であったが，「21世紀は水の世紀」といわれる所以である．ところで，ヒトの健康は「空気と水から」といわれる．陸水の生態系は，このような「地表の水」を通して人間の生存に不可欠の機能を持ち，健康で快適な社会生活を支えるものであるが，これまで化学物質による汚染や開発などの影響につねにさらされてきた．とりわけ農薬汚染による陸水生態系への深刻な影響（多田，2006c）は，カーソンが『沈黙の春』の「死の川（Rivers of Death）」で指摘した「殺虫剤をまいたために，川や池で何千何万という魚や甲殻類が死

表 2-6 殺虫剤の急性毒性（LD₅₀）と選択毒性．（松中，2000 より改変）

殺虫剤	急性毒性 LD₅₀（mg/kg） ラット（A）	イエバエ（B）	選択毒性 A/B
パラチオン（有機リン系）	3.6	0.9	4.0
DDT（有機塩素系）	118	2	59
フェニトロチオン（有機リン系）	570	2.3	248
パーメスリン（ピレスロイド系）	1500	0.7	2143
メソプレン（幼若ホルモン様物質）	>34600	0.02	>1730000

んだ」という visible effect＝目に見える影響（顕在化する影響）のことである．カーソンは，DDTやパラチオン（急性毒性の強い有機リン系殺虫剤）などの農薬の過剰散布による化学物質の高濃度汚染により，突然，たくさんの魚や甲殻類が死んでいることを指摘している．実際に，国内でも1960年代にDDT，BHCやディルドリン（以上，有機塩素系殺虫剤）といった毒性や残留性の高い農薬が水田から河川などに流出し，魚が大量死するといった被害が生じた（多田，2006d）．

現在では，すでにDDTやパラチオンなどの殺虫剤は使用禁止となり，カーソンがクリア湖の例で取り上げたような，魚類などの死につながるような急性的な影響が生じることは稀になるなど，改善されつつある．しかし，社会・経済活動の質的量的拡大により，河川や湖沼などの陸水は低濃度ながらさまざまな化学物質で汚染されている．水田や森林などの開放系で使用される農薬以外にも，産業排水，生活排水や廃棄物処分場からの漏洩水などに含まれる微量の環境ホルモン（→Box-3）や，下水道などを経由して陸水に排出される医薬品およびパーソナルケア製品由来の化学物質，たとえば，非ステロイド抗炎症薬や消鎮痛剤などのヒト用医薬品（生体への特異的な生理活性を持つため，水生生物などに対する悪影響が懸念されている；小森ほか，2010）などの新たな化学物質の潜在化した（魚が死ぬような目にはすぐに見えない）複合汚染の影響が懸念されている．しかしながら，現在においても陸水生態系におよぼす殺虫剤など農薬の影響は，直接環境中に散布される（直接環境曝露→図2-3）ことからも，化学物質のなかでもっとも大きいと考えられている．

農薬の河川生態系への影響

農耕地では，農作物を病害虫から保護するために，さまざまな農薬がおもに

5月から8月にかけて集中的に水田，畑や果樹園などに散布される．散布された農薬の一部は，河川や湖沼などに流出する．そのため，河川などの環境水中に残留するフェニトロチオン*（別称：MEP，有機リン系殺虫剤）などの農薬（→Box-2）が検出されることがある．しかしながら，カーソンが取り上げた同じ有機リン系殺虫剤のパラチオンに比べ，その急性毒性は低く，害虫に対する選択性（標的とされる生物に選択的に働くこと）は高い（表2-6）．また，河川水中から検出されるおもな殺虫剤などの農薬残留濃度は，最高でも1-10 $\mu g/l$ 程度（μg は mg の1000分の1の単位で，1 $\mu g/l$ は50 mプールに角砂糖1個を溶かした濃度）と以前（1 mg/l-）に比べて100分の1から1000分の1と低濃度である．現在では，このように毒性が低く低濃度であるため，流出した農薬による魚類の死亡など，目に見えてすぐにわかる顕在的な影響はほとんど見られなくなったが，河川の生態系，または特定の生物に目に見えてすぐにわからないさまざまな潜在的な影響をおよぼす可能性がある．

　カーソンは，河川はサケやマスの餌になるような小さな水生昆虫（→Box-4）の生命で満たされていること，たった1回DDTを散布しただけでも，それらの幼虫のほとんどがDDTの犠牲となり，自然は死と破滅に瀕してしまうこと，そして，それら水生昆虫が，サケの餌になるくらい十分な大きさになるまでに数が増えるには，長い年月がかかることを記述している．河川に生息する水生昆虫のうちの多くは，川の瀬に生息する流水性昆虫である．それらはカゲロウ目，カワゲラ目，トビケラ目，ハエ（双翅）目ユスリカ科などに属し，とくに種数・個体数が多く，また現存量（ある一定の空間に存在する生物の総重量）が大きいため，食物連鎖（網）では魚類など上位の生物を支えるなど，機能的にも河川生態系において大きな地位を占めている．なお，水生昆虫は，川底の底質（れきや砂地など）に生息するため，底生生物（ベントス benthos）とよばれる．さらに，水生昆虫は概して殺虫剤などの農薬に対する感受性（農薬の持つ毒性に対する感じやすさ）が魚類よりも高いので，低濃度の農

---

*フェニトロチオンは農業用（果樹，野菜，豆類，いも類，イネ，茶，花類など），牧草，芝および樹木（マツ，サクラなど）に散布．またゴルフ場でも使用されるとともに，家庭（ハエ，カ，ダニ，ゴキブリなど）・園芸用の殺虫剤や，木材の防腐剤，畳の防虫剤などに使われ，われわれの身のまわりに存在する．なお，フローリングの日本農林規格では，フェニトロチオンなどで防虫処理を施したものでないと，使用できないとされている．

表2-7 水生昆虫7種の幼虫に対する殺虫剤（フェノブカルブ）の48時間半数致死濃度（48h-LC$_{50}$）．（多田，1998bより改変）

種名	48h-LC$_{50}$ (μg/l)
チラカゲロウ	73
エルモンヒラタカゲロウ	11
シロタニガワカゲロウ	17
シロハラコカゲロウ	2
ウルマーシマトビケラ	124
オオヤマカワゲラ	42
ヘビトンボ	>160

薬汚染の影響を受けやすい．

では，河川生態系における水生昆虫に対する殺虫剤の影響はどのようなものだろうか．それを知るには，まず，さまざまな水生昆虫の殺虫剤に対する感受性の種間差を調べることが重要である．そこで，殺虫剤（カーバメート系のフェノブカルブ）に対する感受性の種間差を調べた研究事例（多田，1998b）を紹介する．試験では，室内に設置した循環式水路（幅13 cm×長さ130 cm，高さ10 cm，水深5 cm，材質は塩化ビニルの水路6基それぞれに水槽と流水用ポンプをテフロン製チューブにより接続して，循環式［流速10-12 cm/秒，流量8 l/分］とした）を用いて，さまざまな水生昆虫の幼虫に対する急性毒性試験により，殺虫剤に対する48時間の半数致死濃度（48h-LC$_{50}$→第2章2.2(1)）を調べている（表2-7）．

まず，山地渓流のれき（石）面上に生息して，珪藻などの藻類を摂食するおもな水生昆虫であるカゲロウ目（Box-4，図1）のエルモンヒラタカゲロウ，シロタニガワカゲロウとシロハラコカゲロウは，48時間のLC$_{50}$値が2-17 μg/lであり，殺虫剤に対する感受性が比較的高いことがわかった．シロハラコカゲロウは，殺虫剤感受性が高いにもかかわらず，農薬汚染環境下の平地河川にも生息していることが多い．その理由として，この種はその移動性（夜間に流下する）や高い成長速度，成長段階が異なる多くの集団（個体群）から構成されているため，農薬散布時期に一時的に殺虫剤の影響を受けても，その地域への回復能力が高いためと考えられている（国立環境研究所，1995）．また，チラカゲロウとウルマーシマトビケラは，感受性が比較的低いことがわかった．ウルマーシマトビケラなどのシマトビケラ科（トビケラ目）の幼虫は固着性で，

Box-4 水生昆虫の生態——流水のつながり

　世界の全生物種（既知である約 175 万種）のうち 55％ にあたる 97 万種が知られる昆虫は，想像を超えた多様さと不思議さに満ちている．このような昆虫は，地球上でもっとも多様性に富んだ生物であることから，地球は「虫の惑星」（奥本大三郎）ともいえるだろう．現在，日本人にとって身近な昆虫といえば，アリやカなどの小さな昆虫に始まり，チョウなどの採集を目的とした昆虫，スズムシやコオロギなどの秋に鳴く昆虫であろう．また，源氏物語の「松虫（じつはスズムシ）」や堤中納言物語の「虫愛づる姫君」など，古くから文学や掛け軸などの絵画にも数多く登場する．

　しかしながら，水生昆虫となると，万葉集に「蜻蛉（あきづ）」として詠まれているトンボや源氏物語に登場するホタルなど数少ない．つまり，全昆虫種のうちで，水生昆虫の仲間と見なされるのは，およそ 4 万種（昆虫全体の約 4％）である．そんな水生昆虫ではあるが，カーソンは『沈黙の春』のなかで，「ミラッチ川のサケと水生昆虫は，相関関係とか，相互依存関係は生態学的問題である」と河川の食物連鎖における水生昆虫の役割に興味を持っていた．また，コルボーンも，カワゲラやカゲロウといった水生昆虫が，河川の汚染状況を知るうえでの目安（生物指標）になるのではないかと，大学院で研究を進めて博士号を取得している．とくに河川では，水生昆虫（幼虫）の種数や個体数が水生生物群集全体の 95％ 近くを占める場合もある（丸山ほか，2000）．水生昆虫の分類，生活環，生息場所などを簡単にまとめると以下のようになる（川合・谷田，2005；大串，2004）．

1. 分類——地球上に生息する昆虫，すなわち，動物界 Animalia，節足動物門 Arthropoda の昆虫綱 Insecta は 31 目に整理され，そのうちの 12 目，日本ではバッタ目を除く 11 目に水生昆虫の仲間が含まれている（表 1）．なお，分類群は上から「界」「門」「綱」「目」「科」「属」「種」に分かれ，「亜門（門と綱のあいだ）」「下綱（綱と目のあいだ）」「上科（目と科のあいだ）」「族（科と属のあいだ）」のような中間の分類群を設ける場合もある（松浦，2009）．
2. 生活環——幼虫，蛹，成虫といった発育ステージの一部，あるいは生涯を通して水中で過ごす昆虫を総称して水生昆虫（aquatic insects）とよんでいる（表 1）．
3. 生息場所——おもな水域は淡水（陸水）であるが，ユスリカやガガンボ，トビケラのなかには，海水や汽水域（海水と淡水が混ざり合うところ）に生息

表1 水生昆虫の目ごとの発育ステージ．(丸山・高井, 2000 より)

目名	卵	幼虫	蛹	成虫
トビムシ目	水中	水中，水面	—	水面
カゲロウ目	水中	水中	—	陸上
トンボ目	水中，陸上	水中	—	陸上
カワゲラ目	水中	水中	—	陸上
バッタ目（国内未記録）	陸上	水面	—	水面
カメムシ目	水中，陸上	水中，水面，陸上	—	水中，水面，陸上
アミメカゲロウ目	陸上	水中	陸上	陸上
コウチュウ目	水中，陸上	水中，陸上	陸上	水中，水面，陸上
ハエ目	水中	水中	水中，陸上	陸上
チョウ目	水中	水中	水中	陸上
トビケラ目	水中，陸上	水中	水中	陸上
ハチ目	寄生	寄生	寄生	水中，陸上

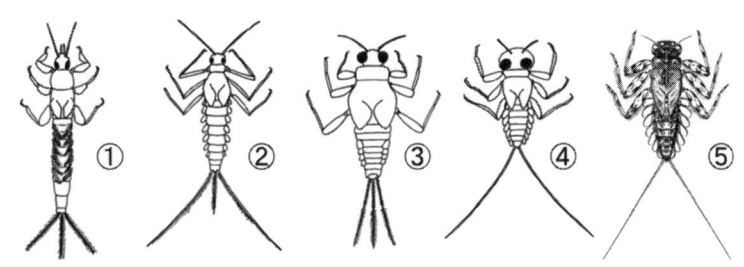

図1 カゲロウ目幼虫の形態変化．流水にすむカゲロウ幼虫の生活型．①モンカゲロウ幼虫（砂泥のなかに潜る埋没型），②コカゲロウ幼虫（水中を泳ぎ回る自由遊泳型），③マダラカゲロウ幼虫（石と石のすき間や水草を這う潜伏匍行型），④ヒラタカゲロウ幼虫（石の表面に張りついて歩く滑行型）．①と③は水の流れを避けて体を物かげに隠すタイプ，②と④は水の流れに直接に体をさらすタイプ．⑤ナミヒラタカゲロウ *Epeorus ikanonis*．(①-④は大串，2004 より改変；⑤は川合・谷田，2005 より)

する種もいる．河川などの流水に生息する流水性昆虫 (lotic insects) と，湖沼などの止水に生息する止水性昆虫 (lentic insects) に分けられる．

ここでは，河川に生息する流水性昆虫としてよく知られるおもにカゲロウ目（蜉蝣目），カワゲラ目（襀翅目），トビケラ目（毛翅目）の仲間を取り上げる．どれも山間部の渓流から中・下流の平野部の河川まで広く分布するが，多くの種ですみ場所が限定されている．また，水生昆虫は進化の観点から，適応放散による種分化，つまり，さまざまなすみ場所に適応して形態（行動）的，機能的に違ったグループに分化している．

表2 流水性水生昆虫（幼虫）の摂食方法による機能分類．（大串，2004より改変）

機能分類(摂食者)	摂食方法	代表的な水生昆虫
シュレッダー（破砕食者）	食物（おもに生物遺体）を細かく咬み砕いて食べる	多くの携巣性トビケラ 小型カワゲラ
コレクター（採集食者）	網または櫛のような道具を使って，水中に漂う食物を濾して食べる	造網性トビケラ ブユ チラカゲロウ
グレイザー（刈り取り食者）	水底や石・植物体などの表面についた食物（おもに藻類）を削り取って食べる	多くのカゲロウ 一部の携巣性トビケラ
プレディター（捕食者）	小動物を捕食する	ナガレトビケラ，大・中型カワゲラ，ヘビトンボ，ホタル

　水生昆虫の食性はよくわかっていないものが多いので，これは暫定的な分類である．また，これらにあてはまらないものもある．

　たとえば，カゲロウ目には，環境に適応した形態変化により，図1のように4つの型に分けることができる．カゲロウ目の発育ステージは，卵→幼虫（体長は，コカゲロウ属の5 mmからモンカゲロウ属の20 mm程度）→亜成虫（性的に成熟していない，期間：1-3日）→成虫の不完全変態で，多くは年2世代，成虫の羽化は，"mayfly"とよばれるように4-5月がもっとも多い．カゲロウ目の名が「わずか1日のいのち」の意味であるギリシャ語ephemerosに由来しているように，成虫は羽化後の交尾産卵の終了をもってその一生を終える．カゲロウ目は，現存する昆虫のうちでは，トンボ目とともにもっとも古い系統に属し，化石の記録は，古生代石炭紀（現在より3億6700万年前から2億8900万年前）までさかのぼる．現在，世界で約3000種が記録され，日本では10科105種以上が知られている．有翅昆虫のなかでは，もっとも古いタイプの昆虫である．幼虫の食性は，その摂食方法による機能分化（表2）により，水中の石面上や堆積物の表面に付着する珪藻などの微小藻類を削り取って摂食する型（グレイザー grazers; 刈り取り食者）や，デトリタス（有機物残渣）や微小藻類を集めて摂食する型（コレクター collectors; 採集食者）に分けることができる．ただし，成虫は，カワゲラ目やトビケラ目と同様に水以外には摂食しない．

　カワゲラ目は，約2億4700万年前（二畳紀）に地球上に出現したといわれ，現在約2000種が記録されている．日本では北半球のキタカワゲラ亜目に属する9科170種以上が知られ，そのうち幼虫と成虫の関係が判明しているのは約40種である．カワゲラ目の発育ステージは，卵→幼虫（体長は，クロカワゲラ科の7 mmからカワゲラ科の30 mm程度）→成虫の不完全変態で，カワゲラ科のオオヤマカワゲラなどの大型種の幼虫は，1-2年で1世代，川縁の石の上で成虫に羽化することから"stonefly"とよばれる．また，カワゲラ目は一般的に清冽

図2 カワゲラ目とトビケラ目幼虫（捕食者）．A：オオクラカケカワゲラ *Paragnetina tinctipennis*（体長 30 mm 程度の大型のカワゲラ科の仲間），B：ヤマトヒメカワゲラ *Stavsolus japonicus*（体長 15-20 mm 程度の中型のアミメカワゲラ科の仲間），C：オオナガレトビケラ *Himalopsyche japonica*（体長 35 mm 程度で高山地渓流に分布は局限，ナガレトビケラ科の仲間）．（写真：大金義徳）

（水などが清らかに澄んでいて冷たいこと）な水環境の指標昆虫として知られる（清水，2010）．食性（幼虫）は，大型・中型種で，カゲロウ，トビケラやユスリカなどの幼虫を川底で徘徊して捕食する型（プレディター predators; 捕食者，図2），小型種のものは，カゲロウ目と同様にグレイザーやコレクターに分けることができる．

　トビケラ目は，中世代初頭の三畳紀（約2億-2.3億年前）に，チョウ目（Lepidoptera; 鱗翅目）と共通の祖先から分化したと推定されている．「水中生活の蛾（ガ）」ともいわれる．成虫の翅が梳毛糸（カディス）に似ていることから，"caddisfly" とよばれる．トビケラ目の発育ステージは，卵→幼虫（5齢期，体長は，マルツツトビケラ属の8 mm からヒゲナガカワトビケラの 40 mm 程度）→蛹→成虫の完全変態で，成虫期間は一般に短く，その形態，とくに翅形はチョウ目ほど変化に富まず，色彩も褐色など地味な種類が多い．トビケラ目は，その他の2目に比べて多様な種が知られており，世界で 38 科，約1万種，日本には少なくとも 25 科 300 種以上が分布すると推定される．トビケラ目の幼虫は，ほとんどが水中で生活し，幼虫期の分化・適応放散が著しく，さまざまな生活様式を持ち，水中生活に適応している．一方，チョウ目は，幼虫・成虫ともに一般に陸上で生活し，成虫期の分化・適応放散が著しく，陸上生活に適応している．トビケラ目幼虫の生活様式はつぎの3つ分けることができる．

A．巣をつくらず川底を歩き，小さい虫などを捕食する型（プレディター）——ナガレトビケラ科の仲間（図2C）など．
B．川底の石間に固着巣をつくり，捕獲網を張って流下する細かいデトリタスを

集めて食べる型（コレクター）——造網性のヒゲナガカワトビケラ（体長 30-40 mm になり，トビケラ目ではもっとも大型で個体数も多く，現存量が大きい：西村，1987）やシマトビケラ科の仲間など．
C. 小石（砂粒）や植物片で筒巣をつくって入り，頭部と足だけを出して歩き，藻類やリター（落葉）などを食べている型（シュレッダー shredders; 破砕食者）——携巣性のエグリトビケラ科やカクツツトビケラ科など多くのトビケラの仲間．

ここで，食物連鎖のつながりを藻類と水生昆虫にあてはめると，下記の①のような関係になる．このように食物連鎖の始まりが，生きた植物（藻類）であることから，生食連鎖とよぶ．一方，②のように，生食連鎖では使われなかったリター（シュレッダーによる落葉の破砕物）や，水生昆虫などの糞や遺骸などは，細菌などによって分解され，デトリタスとなり，それをコレクターである幼虫が利用する．②のような死物から始まる連鎖のことを腐食連鎖とよぶ．この過程において，複雑な有機物はより単純な有機物から無機物に変化していく．無機物は植物に利用されることにより，再び生食連鎖に連なっていく．

植物（藻類）→植食動物（藻類食性のカゲロウ，カワゲラやトビケラの幼虫などのグレイザー，コレクターやシュレッダー）→肉食動物（捕食性のカワゲラやナガレトビケラの幼虫などのプレデイター）——①生食連鎖
死物（リターや水生昆虫の糞や遺骸）→（細菌などによる分解）→有機物残渣→植食動物（小型のカワゲラ，シマトビケラ，ブユの幼虫などのコレクター）→肉食動物（①と同様のプレデイター）——②腐食連鎖

このように水生昆虫の群集は，幼虫の摂食方法による機能分化によりつながるとともに，生食連鎖と腐食連鎖により相互に複雑につながり，交差した食物網を形成している．また，植食性や肉食性の魚類のいる河川では，この食物網はさらに複雑になる．

リター（落葉）の分解物であるデトリタス（有機物残渣）などを網で濾し取る造網性のトビケラ類（Box-4，表 2）であり，国内の平地河川では広く生息している（図 2-7）．

つぎにカワゲラ目カワゲラ科のオオヤマカワゲラ（捕食者）の LC_{50} 値（42 $\mu g/l$）は，そのおもな被食者であるカゲロウ類と比較すると，チラカゲロウ

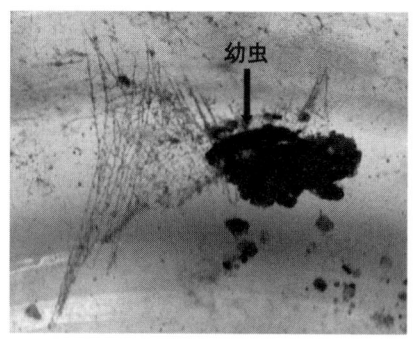

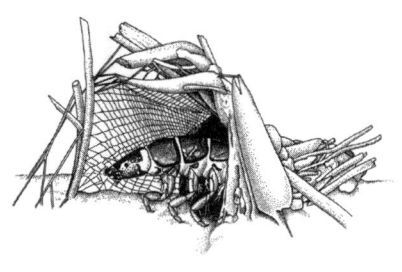

図2-7 回転流水式水槽（円筒型ガラス水槽に飼育水と底に川砂［粒径≦1 mm］を入れ，水槽をマグネチックスターラーに載せ，攪拌子で回転流を起こしたもの（多田，2002より）．なかに砂粒で営巣（幼虫の下方）し，網（幼虫の左方）を張るウルマーシマトビケラ Hydropsyche orientalis の幼虫（左）と野外での営巣の模式図（右：Gullan and Cranston, 2010より）．

とエルモンヒラタカゲロウやシロタニガワカゲロウの中間の値を示した．また，同じ捕食者であるヘビトンボ（アミメカゲロウ目ヘビトンボ亜目ヘビトンボ科．幼虫は体長60 mm前後になる濃褐色のやや扁平な大型の水生昆虫）は，殺虫剤に対する感受性が低いことがわかった．ところで，河川の食物網は，藻類を出発点とする生食連鎖とリターを出発点とする腐食連鎖の2つから成り立っている（Box-4）．生食連鎖では，藻類を餌とするエルモンヒラタカゲロウやシロハラコカゲロウなどカゲロウ類の幼虫を，川底を徘徊する大型のカワゲラ類やヘビトンボの幼虫が餌とする捕食者-被食者関係が知られている．一方の腐食連鎖では，リターを餌とするオナシカワゲラなど小型のカワゲラ類やシマトビケラ科などトビケラ類を，同じく大型（捕食性）のカワゲラ類やヘビトンボなどの幼虫が餌とする．河川水中の殺虫剤の残留濃度によっては，大型のカワゲラ類やヘビトンボにとって，餌生物（殺虫剤に対する感受性が高いカゲロウ幼虫など）の減少による間接的な影響を受ける可能性がある．なお，藻類は殺虫剤に対しては影響がないことが知られている．

一方，ユスリカ類（ハエ目ユスリカ科の仲間）は，幼虫（4齢期）と蛹の期間を水中で過ごす水生昆虫で，世界で1万5000種，日本には約2000種が記録されているが，未記載種がどれほどあるか不明である（日本ユスリカ研究会，2010）．ユスリカ類はさまざまな環境に適応した種が存在しており，環境汚染の指標生物としても用いられている．たとえば，ほかの生物が生息できな

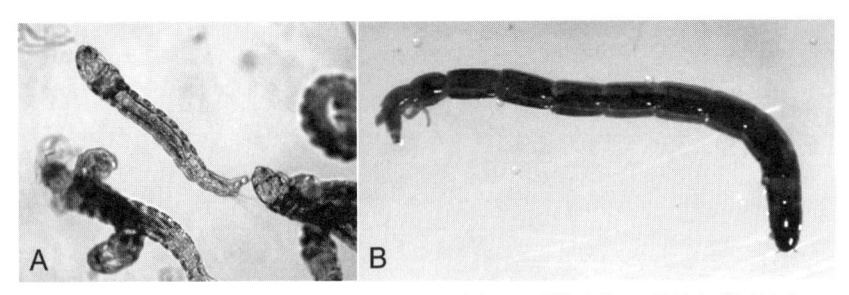

図2-8 セスジユスリカ Chironomus yoshimatsui の幼虫. A：孵化直後の1齢幼虫（体長0.2 mm程度），B：4齢幼虫（7-14 mm程度），体内のヘモグロビン色素により赤黒く見える．（写真：小神野豊）

い酸性湖沼，重金属汚染河川にも出現し，また富栄養化した湖沼や有機汚濁のある河川では大発生することも多い．そこで，農地や市街地などの河川で普通にみられるセスジユスリカ（図2-8）の4齢幼虫をつくば市周辺と日本各地から採取し，おもな採取地のフェニトロチオンに対する48時間の半数致死濃度（48h-LC$_{50}$）を表2-8に示した．

湯元（日光市）で採取されたセスジユスリカは，LC$_{50}$値が7.6 μg/lと感受性が高く，フェニトロチオンに対する薬剤感受性系統（殺虫剤に対する感受性が高い系統）であった（1齢幼虫ではさらに高い感受性を示した；菅谷，1997）．なお，日光市内でも湯元からそれほど遠くない市街地（飯野）から採取した個体の約60%は，LC$_{50}$値は湯元と同様に10 μg/l程度，残り40%は1000 μg/l以上であった．このように日光市内（ほかに北海道静内町）のセスジユスリカ個体群では，薬剤感受性系統と薬剤耐性系統（殺虫剤に対する感受性が低い系統）が共存しているものと判断された．また，日本のほかの各地では，屋久島も含めすべてが薬剤耐性系統であった．

これらの結果から，セスジユスリカの場合，全国的にはほとんど薬剤耐性系統で占められており，薬剤感受性系統は湯元のようにかなり農薬汚染から隔離され，かつセスジユスリカの生育に適した有機汚染がある河川という限られた環境でしか生育していないものと推測された．このことは，カーソンが害虫の抵抗性（＝薬剤耐性）を例に「ダーウィンは自然淘汰ということを説いたが，この説を何よりも如実に例証するのは，まさに抵抗というメカニズムだろう．（中略）生き残るのは，人間の攻撃をかわすことのできる性質を先天的にもっている昆虫だけで，やがて新しい世代を生むが，かれらはただ相続ということ

によって，親がもっていた《タフな》性質すべてをそなえている．だから害虫を駆除しようと大量に化学薬品をまけば，悪い結果になるとしか予想できない．強者と弱者がまじりあって個体群を形成していたかわりに，何世代かたつうちには，頑強で抵抗性のあるものばかりになってしまうだろう」(カーソン，1974) と述べたことが，害虫以外の環境生物であるユ

表2-8 殺虫剤フェニトロチオンに対するセスジユスリカ4齢幼虫の48h-LC$_{50}$. 括弧内は1齢幼虫の値．(菅谷，1997 より改変)

採取地	48h-LC$_{50}$
湯元（日光市）	7.6(1.0)
荒川沖（土浦市）	3140
乙戸川（牛久市）	1640(546)
栗原（つくば市）	5070(992)
小桜川（八郷町）	1710
宮前川（松山市）	3720

スリカでも現実のものとなっている．それはとりもなおさず，生物多様性（→第3章3.2）の減少（種数の減少）や種の絶滅を招く結果となる．よって，ユスリカ個体群についても，その遺伝子の多様性の減少につながっている．

農薬の湖沼生態系への影響

　水が停留している湖沼の環境は，つねに一定方向に水が流れている河川環境とは大きく異なる．そこにすむ生物も，河川では水生昆虫などの底生生物が主であるが，湖沼では水中に浮遊して生活しているプランクトンが中心となっている．湖沼での食物連鎖は，カーソンが『沈黙の春』の「地表の水，地底の水」で述べているように，主として生食連鎖で，一次生産者であるラン藻類や緑藻類などの植物プランクトンから，それを餌とする一次消費者（二次生産者）である原生動物，ワムシ類（体長 30 μm-2 mm の水生微小動物であり，小型の藻類を食べ，稚魚などの餌となる）やミジンコなどの枝角類（小型甲殻類）などからなる動物プランクトンへの連鎖である．動植物プランクトンは湖沼生態系の低次生産者の中心であり，河川の水生昆虫と同様に，現存量はもっとも多い．

　一方で，光合成をおこない細菌食性の鞭毛藻類の存在により，湖沼のプランクトン群集は複雑な食物網を構成している．つまり，「微生物ループ」とよばれる細菌から鞭毛虫や鞭毛藻，そして繊毛虫にいたる原生動物を中心とした生物群（0.2 mm 以下）の食物網が知られており，最終的に動物プランクトンなどを経て湖沼の食物網に組み込まれる．よって，プランクトン群集の食物網の全体像は，一本の食物連鎖という関係や生物の分類群に分けることでつかむこ

とはできない（岩熊，1994）．

　ところで，化学物質の生態系への影響には，生物群集を構成するそれぞれの個体群に対する影響を見るだけでなく，生物間の相互作用（→第3章3.2(4)）にもとづく間接的で波及的な影響を明らかにしなければならない．なかでも生物間の餌をめぐる競争関係，食物連鎖（網）を介した化学物質の生態影響などは，単独の水生生物を用いた試験では評価が困難である．同じ化学物質であっても，生態系の構造や化学物質の濃度，濃度の変動パターンなどで生態影響が大きく異なることが予想されることから，霞ヶ浦（茨城県）の動物プランクトン群集（図2-9）において，野外の実験水槽を用いた研究がなされた（国立環境研究所，1995）．

　動植物プランクトンの多くは，農薬などの汚染物質に対して感受性が高く，その影響を受けやすい．したがって，これらのプランクトンが汚染物質の影響を受けると，その影響は，この低次生産者によって支えられている魚類などほかの生物群集にもおよび，ひいては生態系全体に広がることになる．これらプランクトン群集にはさまざまな生物種（上述）が含まれ，「食う（捕食者）－食われる（被食者）」関係や餌を介した競争関係などを通した複雑な相互作用により，それらの群集は維持されている．よって，湖沼生態系において，感受性の高い種（系統）が殺虫剤や除草剤の影響を受けると，その影響が，複雑な生物間相互作用を介して個体群の遺伝子組成，群集の種組成や現存量におよび，最終的には生態系全体に波及することになる．

　大型の枝角類であるダフニア *Daphnia*（図2-9）は，湖沼生態系の重要種であり，それが餌とする植物プランクトン群集や，それを餌として利用する魚類群集と強い関係を持っている．したがって，ダフニア個体群が農薬で影響を受けると，その影響はたやすく生態系全体におよぶものと予想される．重要なことは，農薬の生物間相互作用への影響が，室内の慢性毒性試験で影響が見られる農薬濃度よりも低濃度で見られたことから，湖沼を汚染している低濃度の農薬が，複雑な生物間の相互作用を介して生態系に影響を与えている可能性が高いということである．このような生物間相互作用は，生物多様性の「つながり」を生み出すもの（→第3章3.2(4)）であり，生態系を維持するために重要な働きをしているが，複雑であるがゆえに不明な部分が多く，さらなる研究（Sakamoto *et al.*, 2006; Lürling and Scheffer, 2007）が期待される．

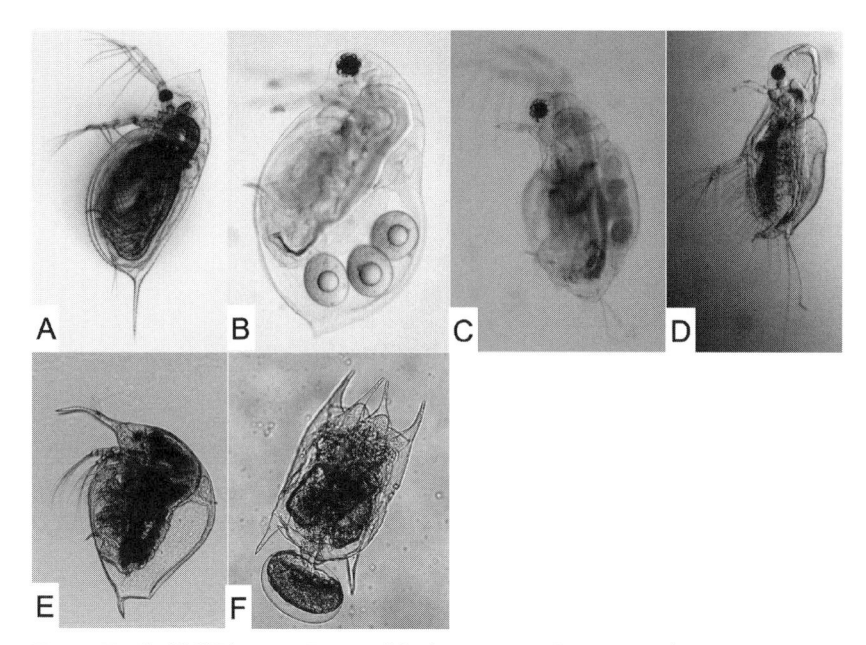

図2-9 霞ヶ浦（茨城県）でよく見られる動物プランクトンの仲間．A：カブトミジンコ *Daphnia galeata*，B：マギレミジンコ *Daphnia ambigua*，C：スカシタマミジンコ *Moina micrura*，D：オナガミジンコ *Diaphanosoma brachyurum*，E：ニセゾウミジンコ *Bosmina fatalis*，F：ツボワムシ *Brachionus calyciflorus*（後端に卵を持つ）．ミジンコ類はミジンコ目の属間で，ダフニア *Daphnia* ＞ タマミジンコ *Moina*，オナガミジンコ *Diaphanosoma* ＞ ゾウミジンコ *Bosmina* の順にカルバリル（カーバメート系殺虫剤）に対する感受性が高い．ミジンコ類はワムシ類（体長0.1-0.5 mm）より大きく，またミジンコ類のなかでは，*Daphnia*（1.0-2.0 mm）＞ *Moina*，*Diaphanosoma*（0.6-1.2 mm前後）＞ *Bosmina*（0.3-0.7 mm）の順に大きい．なお，*Daphnia* 属は100種を超えるが，日本では十数種が知られる（水野・高橋，2000）．そのうち北米・中国産のオオミジンコ *Daphnia magna*（体長2.2-5.0 mm）は，化学物質の生態毒性を調べる標準試験生物（OECD）として一般的に広く用いられている（→第2章2.2(1)）．また，ワムシ類（袋［輪］形動物門）は，種類数，個体数ともに非常に多いばかりでなく，幅広い水質に生息し，陸水中における甲殻類のミジンコ類やカイアシ類（ケンミジンコ類）に優るとも劣らぬ重要な動物群である．これはワムシ類がミジンコ類と同様に単為生殖で増殖が可能なことや，耐久卵（低温や乾燥などの生存に不都合な環境に耐えられる性質を持つ卵の総称，冬卵）を持つことと関係が深い．（写真A，F：河鎮龍，B-D：小神野豊，E：坂本正樹）

(2) 海洋生態系——POPs（残留性有機汚染物質）の海産哺乳類への影響

海洋生態系とは

地球は「水の惑星」とよばれる．海洋は地球表面の約70％を覆い，その平均深度は約3800（正確には3795）mで，その容積は$1.37 \times 10^9 \text{km}^3$に達する．陸地の平均高度は約840mであることから，陸地の生息環境の約300倍も大きい．そして，地球全体の海洋と陸地の平均は，水深約3000mの海洋になる．「地球（earth）」とは乾いた陸地と同義語だが，このことから，むしろ地球ではなく，「海球」という名にふさわしいだろう．

世界の海洋はいくつかの海洋環境に区分できるが，基本的には，水柱環境と底生環境に区分できる．水柱環境は海表面から最大水深までの水柱の環境である．ここで取り上げる海洋は，おもに水柱環境を指す．水柱環境には2つのタイプの海洋生物が生息する．1つは，湖沼で取り上げたプランクトンであり，これは海水の流れに逆らって移動することができず，海流によって受動的に運ばれる浮遊生物である．プランクトンという言葉は，受動的に浮遊・漂流するというギリシャ語planktosに語源がある．プランクトン生物の多くは，植物プランクトンや動物プランクトンのように顕微鏡的なサイズ（mm以下）だが，クラゲのように，体長数mに達するものも含まれる．また，プランクトンの動きがすべて完全に受動的ではなく，植物プランクトンの多くも含めて，かなりのプランクトンは，ある範囲内で遊泳（移動）能力がある．

もう1つはネクトンとよばれ，プランクトンとは対照的に，海水の流れに逆らうのに十分な遊泳力があり，海水の動きとは無関係である．ネクトンには，魚類，タコ・イカなどの軟体類，アザラシやクジラなどの海産哺乳類などが含まれる．それら以外にも流れ藻で生活するワレカラ（海藻やほかの動物に付着し，体は細長く，胸部が大部分で，腹部はきわめて小さく，足は鉤状，触角を持ち，体を屈伸して運動する→第3章3.2(2)）などの無脊椎動物が知られる．

これら生物の海洋生態系は，複雑な関係を持つ食物網によって構成されている．たとえば，生物種数の少ない高緯度海域の食物網は，ほかの海域より単純であるためによく調べられている．図2-10に示した南極海の食物網の生産者は，北極海も同様であるが，水柱の植物プランクトンと海氷内の氷生藻類（氷中や氷底の低い光強度に適応した付着藻類）の2種類からなる．その藻類・植

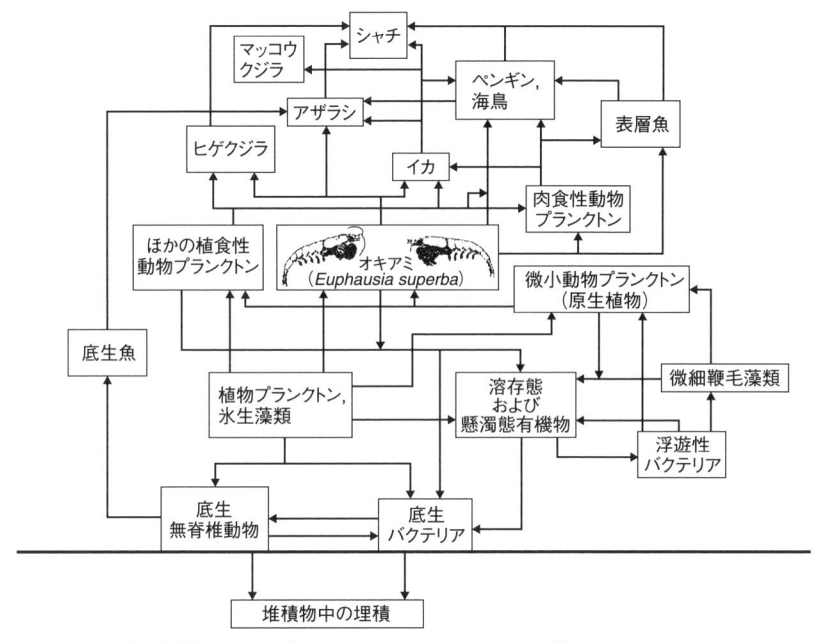

図2-10 南極海の食物網の一例.（Lalli and Parsons, 1996より改変）

物プランクトンを食べる動物プランクトン（微小な原生動物やほかの植食性動物プランクトン），なかでも豊富なオキアミというエビに似た終生プランクトンの甲殻類が，食物網の中心的な存在になっている．それが肉食性の動物プランクトン，イカや海面を泳ぐ表層魚，ペンギンなどの海鳥，アザラシやヒゲクジラ（セミクジラ，シロナガスクジラ，ザトウクジラなど）などの海産哺乳類の重要な餌資源となる．このオキアミの現存量がいかに膨大であるかは，普通サイズのシロナガスクジラ1頭は，1回に2-3トンのオキアミを摂食することからわかる．

　アザラシはほかに潜水によって海底の底生魚，イカや海鳥を採餌し，マッコウクジラはイカを，シャチはアザラシ，海鳥，表層魚やイカを採餌する．なお，これらの生食連鎖とは別に溶存態および懸濁態有機物から浮遊性バクテリア，微細鞭毛藻類や原生動物，そして植食性動物プランクトンへ，同様に溶存態および懸濁態有機物から底生バクテリア，そして貝類や甲殻類などの底生無脊椎動物へいたる腐食連鎖は「微生物ループ」（→第2章2.2(1)）とよばれ，栄養

塩（有機物）の再利用のための重要な働きをしている．

一方，最近の海洋研究開発機構（JAMSTEC）による調査では，日本の近海（排他的経済水域，沿岸約 370 km の範囲）には，確認できただけで，タコ・イカなど軟体類（約 8700 種），エビ・カニなど甲殻類（約 6200 種），魚類（約 3 万 8000 種）などをはじめ，バクテリアから哺乳類まで約 3 万 4000 種にのぼる多種多様な海洋生物が生息している．これは全世界約 23 万種の 14.6％，うち 1872 種が日本固有種と判明し，世界でもっとも多様な海洋生物の宝庫であると報告されている．このことから，日本の近海では，前述の高緯度海域とは比べものにならないほどの複雑な食物網が形成されていると考えられる．

POPs の海産哺乳類への影響

有吉佐和子が，『複合汚染』（1975）のなかで「レイチェル・カースン女史が指摘した通り，どんな小さな水たまりでも汚染すると，世界の海の汚染につながるのは，もう常識である」と化学物質による海の汚染を憂慮している．カースンや有吉が取り上げた DDT や PCB などの有機塩素化合物による世界の海の汚染は，地球規模での海流移動による広がりだけでなく，大気の移動拡散性からも「海は化学物質のはきだめ」になっていることが明らかにされている．つまり，「熱帯は地球の蒸発皿」といわれ，熱帯地方で使用された DDT などの有機塩素化合物が，大気によって拡散し，気流に乗って北極などの海に到達したと考えられている．すなわち，熱帯・亜熱帯地域や中緯度先進国の有機塩素化合物の放出により，地球規模での大気の移動拡散性から，とくに北極周辺の海水はこれら有機塩素化合物の「たまり場」として重要な役割を演じているのである（田辺，2003）．

そして，これらの有機塩素化合物は，コルボーンらが『奪われし未来』のなかで，内分泌攪乱化学物質（endocrine disruptors；いわゆる環境ホルモン→Box-4）として取り上げたことで，広く世界に知られることとなった．これら有機塩素化合物などの化学物質を POPs（persistent organic pollutants；残留性有機汚染物質）とよび，毒性（とくに発がん性，神経障害やホルモン異常などを引き起こす場合がある）が強く，環境中では難分解性，高蓄積性（脂溶性），前述の長距離移動性があるため，生物蓄積性が高いことが知られている．そのため POPs が使われていないはずの極域に生息するアザラシやホッキョクグマから，

DDT や PCB を検出することがある．

　有機塩素化合物以外にも，1970 年代から普及してきた PBDE（ポリ臭化ジェフェニールエーテル）などの臭素系難燃剤（BFRs；プラスチック，ゴム，木材，繊維などの可燃性物質を燃えにくくするために，添加やコーティングをして使われる）は，先進国ではほとんどすべてのヒトの血液，尿や母乳から検出されるまでに広がっていることから，有機塩素化合物に次ぐ第 4 の「地球汚染物質」といわれ，新たな POPs として規制されている．なかでも以前から生息頭数の減少が報告されている日本近海にすむスナメリ（鯨類の一種）は，沿岸性であるため POPs の発生源に近く，PBDE が PCB などとともにそのオスに高蓄積していることが報告されている（メスでは，脂溶性である PBDE は出産や授乳により体外に排泄される；磯部・田辺，2010）．

　一方，発生源から遠く離れ，DDT や PCB 濃度の低い海域にすむ鯨類などの海産哺乳類のほうが，ヒトよりも体内に高濃度の POPs をためていることが知られている．つまり，海に入ったこれらの POPs は，そこから食物連鎖（網）を通して生物濃縮されていき，ついには生態系の頂点にいるイルカやクジラの体内に侵入し，たまってしまうことになる．さらに，海産哺乳類は，皮膚の下にブラバーとよばれる厚い脂肪組織を持っており，そこに脂溶性である POPs は長期間たまることになる．そして，脂肪含量がきわめて高い母乳に DDT や PCB などの POPs が大量に含まれることになり，授乳により母体から乳仔に移っていく．また，海産哺乳類には，ヒトにはある POPs に対する薬物代謝酵素がないか弱いために，高濃度の POPs の蓄積に結びついている（田辺，2003）．

　『奪われし未来』で，陸で製造された PCB が，人間活動と自然の食物連鎖によって，発生源からはるか遠い北極のアザラシやホッキョクグマに蓄積されることが示されたが，以上見てきたように，これら POPs は，食物連鎖を通して生物濃縮されるだけでなく，地球規模での大気の移動拡散によっても北極の海は直接汚染され，そこに生息する海産哺乳類は，これら POPs を高濃度で蓄積しており，汚染源を生み出しているヒトよりもその影響は深刻であることが明らかとなっている．環境ホルモンとしても注目された POPs の問題は，温暖化などと同様に，地球規模の生態系における環境問題といえるだろう．

(3) 沿岸生態系——メチル水銀の魚類への影響

沿岸生態系とは

　海洋環境のもう1つの基本的な区分は，広大な外洋域と沿岸域である．この区分法は，海底の水深と陸地からの距離にもとづいており，一般に大陸棚の縁とされる深度200 mを境に分割されている．また，海洋生物は，外洋域か沿岸域のいずれに生息するかによって，それぞれ外洋種か沿岸種となる．海洋環境のうちで，底生環境は海底環境を指し，海岸域，沿岸域，潮間帯域，サンゴ礁，深海底などを含む．川底と同様に海底の底質に生息する動植物はベントス（→第2章2.3(1)）と総称される．ベントスには付着海藻，カイメンやフジツボなどの固着性の動物や，底質に穿孔する動物などが含まれる．ここではおもに沿岸域の生態系を取り上げる．沿岸域には水柱環境で見られる浮遊生物である動植物プランクトンと，海水の動きとは無関係に十分な遊泳力のあるネクトンとよばれる魚類をはじめとし，イカ，海産脊椎動物などが含まれる．

　地球上における水循環は，河川・湖沼などの陸水生態系と海洋生態系，それに陸水と海洋（外洋）をつなぐ沿岸生態系をめぐり，一部は大気に蒸発して，再び雨や雪となってそれぞれの生態系に戻ってくる．この沿岸生態系は，カーソンが『海辺』で指摘したように，生物多様性が豊かとされるが，陸水からの有害物質のみならず，さまざまな人間活動により大きな影響を受け，現在でも藻場の減少やサンゴ礁の破壊を招いている．国内では，1950年代に熊本県不知火海の沿岸生態系の生物多様性（食物網）がメチル水銀によって破壊され，それが「自然と人のつながり」により水俣病（→第2章2.4）の発生にいたったことから，ここではメチル水銀の沿岸生態系への影響について述べる．

メチル水銀の沿岸生態系への影響

　水俣地域における不知火海という沿岸生態系の生物は，魚類以外にもエビやカニなどの甲殻類，貝類，海藻類などの海産生物と岸に打ち上げられた魚類などを餌とするカラス，ネコなどにより構成され，そこで暮らす地域住民（おもに漁民）らにとっても自然の恵みの宝庫であった．水俣病市民会議の人びとの手によって調査された水俣地域における魚介類，鳥，ネコなどの異常事態の資料によると，1950（昭和25）年ごろから「魚は海面に浮きだし，手で拾える

表2-9 沿岸魚の成魚の生態. (西村・岡本, 2001より改変)

魚種	分類	生息域	移動性	食性
マコガレイ	カレイ目	底層砂泥	小	ゴカイと小エビ類
キス	スズキ目	〃	小	〃
イシモチ	〃	底層砂礫・岩礁	〃	〃
ウミタナゴ	〃	底層岩礁	大	〃
クロダイ	〃	〃	小	〃
カマス	スズキ目	表層	大	魚
タチウオ	〃	〃	〃	〃
アジ	〃	〃	〃	プランクトン, 魚
コノシロ	ニシン目	〃	小	プランクトン
カタクチイワシ	〃	〃	大	〃
ボラ	スズキ目	底層砂泥	〃	藻類
スズキ	〃	〃	〃	魚

ようになる．貝類も舟底につかなくなるし，腐敗し，くさいにおいをあたり一面にまき散らす．海藻は枯れて，海面に浮きたつようになり，海底には海藻が育たなくなる．また，さらに魚が次々と浮かび上がり，カラスが空から落ちるなどという異常さである．昭和28, 9年になると，魚のみならず陸上の動物，すなわちネコやブタまで狂死し，カラス，水鳥，イタチなどの狂死も確認されている．……つまり水俣地区の過半数のネコが狂死しているのである．このような不気味としか言いようのない，きわめて異常な事態がすでにすすんでいた．いや実はこのころすでに人間も，それとは気づかれずに発病していたのである」．

このように不知火海沿岸におけるメチル水銀が原因とみられる生態影響は，さまざまな生物種で見られたが，水俣病は，「魚介類を介して」発生した世界で最初のメチル水銀中毒であることから，つぎに沿岸域における魚類のメチル水銀汚染機構（西村・岡本, 2001）について述べる．

メチル水銀の魚類への影響

沿岸域における魚類は，生息場所から表層魚と底生魚の2つに分けられる（表2-9）が，水俣病の原因となった汚染魚は，アジやカタクチイワシなどの表層魚ばかりではなく，むしろメチル水銀を高濃度に蓄積した底生魚のほうが重要であると考えられている．患者が発生した漁家では，その漁業法（夜ぶり，一本釣り，カシ網）から，患者は，底生魚であるカレイ，キス，ボラ，ならび

にタコやクルマエビなどを多食していた．カーソンが『沈黙の春』で，「生命の連鎖が毒の連鎖にかわる」事例として，ミシガン州立大学構内のキクイムシの防除で，ニレの木に DDT 散布によるミミズからコマドリへの連鎖により，コマドリの間接的な中毒の原因として餌となる土壌中のミミズ（土壌動物）をあげている．同様に，底生魚の場合も餌となる底泥中のゴカイや小エビなどの小動物（ベントス）が重要となる．

　まず，排水中に含まれて海水の表層を流れたメチル水銀（推定放出量：約 4.5-13.5 トン）は，水中の植物プランクトンに取り込まれ，その死骸がメチル水銀とともに底泥に堆積した．一方，水俣湾のヘドロ（底泥に排水口付近で 50-105 cm，湾中央部で 15-30 cm の堆積，140 万トン）中には，排水に多量に含まれていた（アセトアルデヒド製造過程で触媒として用いられていた）無機水銀が，海水中の約 1000 倍の高濃度で蓄積されており，そのうち 1% が微生物（海洋細菌）によるメチル化によってメチル水銀に変化したと考えられている（表層水の 10 倍濃度）．たとえば，水俣湾のキス（底生魚）のメチル水銀汚染機構は，表層のメチル水銀→植物プランクトンの死骸（メチル水銀）→堆積物（底泥）→ベントス（ゴカイ，アカエビ）→キスの食物連鎖と，底泥の水銀が微生物によってメチル化（→メチル水銀）→微生物の死骸（メチル水銀）→ベントス→キスの食物連鎖の両方の最後にキスは位置している．このことから，キスにはメチル水銀が高濃度に蓄積されたものと考えられている．

　一方，表層魚としては，水俣湾の漁獲高の第 1 位を占めるカタクチイワシで汚染状況がくわしく調べられている．カタクチイワシがメチル水銀を取り込むのに生物蓄積で見られる 2 つのルートがあり，1 つは餌を通じてであり，もう 1 つは呼吸を通じてである．呼吸を通じるルートとは，海水中に溶存する酸素分子がヒゲの表面から毛細血管のなかに吸収される際，やはり同じように溶存している塩化メチル水銀分子が毛細血管のなかに吸収されるルートである．カタクチイワシは口を開けたまま遊泳し，流入した水のなかから動物プランクトンの一種であるオキアミだけを選択的に濾過し，摂食している．実験にもとづいた推定の結果，メチル水銀が酸素と一緒にエラから取り込まれる量と，餌であるオキアミに固定されて取り込まれる量の比は，1000：10-30 で，カタクチイワシのメチル水銀の取り込みは，水中からの取り込みがほとんどであると考えられた．水俣湾のカタクチイワシが汚染されると，その魚群を追って水俣湾

に入った同じ表層魚で，カタクチイワシを捕食するタチウオも汚染されたことは確実であり，1959年に一度だけ起きた広範な海域におけるタチウオの大量斃死のメカニズムも明らかにされている．なお，カタクチイワシは天日乾燥させて煮干しに製造されていたことから，飼い猫などがそれを自由に食べて，ヒトよりもネコの水俣病が先行したものと考えられている．

　工場から水俣湾への水銀・メチル水銀の排出が停止した後，水銀で汚染された水俣湾の浚渫・埋立による大規模修復工事は1990年に終了し，現在までおよそ20年が経過している．水俣湾の水銀汚染底質が封じ込められた埋立地（150万 m^3）は，現在もなお，周辺環境の整備とともに土木的修復工事が継続され，環境が維持されている．しかし，埋立地に埋設処理されたものは，水銀濃度として 25 mg/kg 以上の底質などであり，これ以下のものは浚渫されず，そのまま水俣湾内に放置されている．

2.4 「最後は人間！」——化学物質の終着点

(1) 水俣病——人間生態学から考える

水俣病とは

　2006年5月1日に水俣病公式確認50年を迎え，環境省主催の水俣病犠牲者慰霊式が開催され，熊本県水俣市の不知火海を見渡せる地に「水俣病慰霊の碑」が新たに建立（2006年4月30日）された．碑文「不知火の海に在るすべての御霊よ　二度とこの悲劇は繰り返しません　安らかにお眠りください」には，水俣病の犠牲者だけでなく，魚，貝，海藻，鳥やネコなど不知火海を取り巻くあらゆる生物に対する鎮魂の願いが込められており，それは，広島原爆慰霊碑文（1952年8月6日建立）「安らかに眠って下さい　過ちは繰返しませぬから」には見られなかった自然環境に配慮したエコロジー思想が読み取れるとともに，どちらも科学技術に支えられた現代文明のあり方が問われている．

　水俣病は，化学工場（新日本窒素水俣工場と昭和電工鹿瀬工場）のアセトアルデヒド製造工程で副生したメチル水銀が工場排水とともに排出され，これが海（熊本県水俣湾，および不知火海）や河川（新潟県阿賀野川）を汚染し，魚介類が直接エラや腸管から吸収して（生物濃縮），あるいは食物連鎖を通じて

（バイオマグニフィケーション），体内に高濃度に蓄積し（以上をまとめて生物蓄積）（生態影響），これを日常的に多量に食した地域住民に発生した中毒性の中枢神経疾患（水銀中毒）である（健康影響）とされる（原田，1972）．

「自然と人のつながり」を問いかけた一大事件である水俣病は，第二次世界大戦後の公害の原点であるとよくいわれるが，1つには，工場から排出されたメチル水銀が環境を汚染し，食物連鎖を通じて起こった中毒（一般環境曝露［図 2-3］による健康被害）を初めて人類が経験したからである．すなわち，カーソンが『沈黙の春』で，「どこまでもたち切れることなく続いてゆく毒の連鎖，そのはじまりは，小さな，小さな植物，そこに，はじめ毒が蓄積された――そう考えても間違いないだろう．だが，この連鎖の終わり――人間」，つまり「生命の連鎖が毒の連鎖にかわる」と述べたことが，原因物質（汚染物質で毒）であるメチル水銀の小さな植物から始まる食物連鎖を通した生態影響に始まり，ヒトの健康影響（被害）である水銀中毒（水俣病の発生）へとつながったことによって現実のものとなった．

当時は生物蓄積（生態影響）による公害に対する認識が低いこともあり，原因を特定できないまま死者は 1000 人を超えた．水俣病患者は，手足の感覚まひやけいれん，言語障害，運動失調など中枢神経疾患の症状があったが，厚生省（当時）が水俣病の原因が，新日本窒素肥料水俣工場の廃水によると認めたのは，発生確認から 12 年後の 1968 年だった．

もう 1 つには，後天的な中毒による発病だけでなく，母親の胎内に宿った胎児に，胎盤を通して先天的な中毒（胎児性水俣病）が世界で初めて起こったことである．哺乳類に備わった母と子の絆である胎盤は，有害な物質から胎児を守ってくれると考えられていた常識を覆し，その後の毒性学（toxicology）の考え方も変えさせたからである．「いまや，人間という人間は，母の胎内に宿ったときから年老いて死ぬまで，おそろしい化学薬品の呪縛のもとにある」とカーソンが『沈黙の春』のなかで述べたことが，胎児性水俣病として現実のものとなったのである．なお，2003 年にアメリカで刊行された大学生向け生態毒性学（生物圏における汚染物質と生物圏［ヒトを含む］の構成要素に対するそれら汚染物質の影響の科学）の教科書『*Fundamentals of Ecotoxicology*（生態毒性学の基本）』（Newman and Unger, 2003）の冒頭（生態毒性学の歴史）は，胎児性水俣病に関する記述で始まる．

人間生態学から考える

　水俣病は，当初（1956年）は原因不明の特異な神経疾患（奇病）として，熊本県水俣湾周辺を中心とする不知火海（八代海）沿岸で発生し，その後，新潟県阿賀野川流域においても発生したヒトの健康被害である．広義の生態学は，「健康で幸福な生活と環境の学際的科学」，すなわち，人間生態学とその系譜を指す（→第1章1.2(3)）ことから，ここでは人間生態学の観点から水俣病発生について考える．人間生態学とは，「人間の健康生活に影響する種々の要因と健康事象との関係について疫学的手法を用いて研究し，健康増進の方策を考究する」学問分野であり，健康増進を個人の生活改善に限定してとらえるのではなく，社会的環境の改善をも含んで考えるために，物理化学的要因，経済的要因，社会文化的要因，地理的要因など，さまざまなレベルで健康事象に関連するあらゆる要因を扱う．ここでは，経済－社会－環境のつながりから，経済的要因，社会文化的要因，地理的要因と水俣病発生との関連について述べる（なお，物理化学的要因は工場プロセス内のメチル水銀生成反応機構にかかわる要因である）．

　水俣病が発生した発端は，九州西南部の貧しい漁村が，貧困からの脱却を願って日本カーバイド商会（同年，日本窒素肥料株式会社，日窒）を，村をあげて迎え入れた（誘致に成功した）ときにさかのぼる（経済的要因）．1889（明治32）年，ここに人口1万2000名余りで水俣村が発足した9年後の1908年であった．日窒のアセトアルデヒド・合成酢酸生産設備は，1932年に稼働を始め，つぎつぎに生産設備が増設され，全国生産の50％もの酢酸生産量を誇った．1937年には水俣に立地した会社が日本における化学工業の需要の高まりに乗じて飛躍的に成長したことから，一時期は，会社の発展に応じて地域も発展した．労働力が外部から流入して人口が増え，さびれていた村は活気づき始め，それまで漁業を営んでいた地元人口も労働力として工場に吸収された．工場に入用だったため，全国でもめずらしい時期に電灯がとりつけられた．鉄道も延長されて国鉄駅が建設され，明治末期までは貧困と過疎のなかにいた村としては一大進歩であった．「会社に足を向けて寝ない」という会社崇拝の心情が，水俣村の地域的心情となっていった．

　第二次世界大戦後も技術革新に伴って設備がつぎつぎに更新され，こうした生産拡大を経て，1955年には戦前の生産量の最大レベルを上回るにいたった

（1950 年に新日本窒素肥料株式会社に改名，新日窒）．そこには利潤追求に邁進することで急速に発達した化学工業（資本主義近代産業）における企業（新日窒）の論理でもって，水俣は，経済－社会のつながりからさらなる企業城下町へと化していった．

　宇井純（1932-2006）は，『公害原論Ⅰ』（1971）のなかで，戦後の高度成長の要因として日本の経済学者のあげる低賃金と保護貿易に加えて公害の無視，あるいはタレ流しの許容があった，すなわち，公害問題（産業公害）というのは，日本の資本主義の構造的なものであると主張し，その実例（パルプ工業など）をあげることで，「高度経済成長は公害を前提とする」と述べている．わが国で環境問題が全国的な問題として認識され始めたのは，高度経済成長まっただなかの 1970 年である．この年，マス・メディアが各地で深刻な事態が生じていた公害問題を集中的に報道したことによるものであり，主として鉱山や工場から排出される有害物質によって農漁業や地域住民の生活環境が侵害され，人びとの健康が脅かされるような状態を「公害」とよぶようになった．「公害」という概念は，今日，おもには企業や公共事業体が，部分的には住民自身が，その有害排出物によって，自然環境や生活環境，地域住民の健康や生命，生活を侵害する現象を指すものと解釈されている．一方，1970 年に東京で開催された公害問題国際シンポジウム東京宣言では，「よい環境は基本的人権」とうたわれたが，外国の人びとに日本語の「公害」の意味するところを伝えるのがむずかしく，人災という意味を込めて "environmental disruption" と英訳された．特定の企業が環境を破壊したのに，責任の所在があいまいな「公害」という言葉を使い続けてきたところに，それまでの日本の環境問題に対する根本的姿勢がうかがえる．

　その一方で，もともとこの地は熊本県の南端に位置し，海と山に囲まれた自然豊かな町であった．水俣湾周辺は，天然の魚礁に恵まれた魚類の産卵場であり，豊かな漁場であった．そこには小さな漁村が点在し，人びとは恵まれた海とともに自足した生活を営んでいた（地理的要因）．漁業という伝統的な経済と共同体（人間を取り巻く多様な生命を含めたエコロジカルな共生の空間）であるムラ社会，それに不知火海という自然（環境）の風土に深く根ざした社会文化的なつながりで漁民は生計を立ててきた（社会文化的要因）．この自然と一体となったムラ社会（経済－社会－環境）に対して，企業の論理で有害物質

（ほとんど無処理の排水）を共通の不知火海（水俣湾）という環境にタレ流すことで，その環境が破壊され，「悲惨」な水俣病患者が発生することで辺境のムラ社会に差別を生み出し，その共同体の崩壊を招いてしまったのである．つまり，産業別人口のなかで漁業が占める比率が1%にも満たないのに，罹病者世帯の職業は漁業従事世帯が64.3%と圧倒的に多く，そのなかにおいても貧しいほうに属している．そのため，水俣病患者になることで生活が破綻してさらに貧しくなり，そのことでさらに差別されたのである．

さらに，当時のマス・メディアのとりわけ写真や映像が示したこの水俣病患者の可視的な「悲惨」は，被害の重大性を社会的に認知させ，「被害者救済」の議論を活発にするうえで重要な役割を果たした．だが，他方で，この「悲惨」の強調は，地域社会のなかに，患者や患者家族に対する偏見や差別（水俣病差別）を生み出し，それは，職業生活，子どもの結婚，近所づきあいなど，広範にわたっていた．このような状況の下で，水俣病患者を通して環境（自然）と人（生命）のつながりについて，公害の悲惨さと人間存在の根源への祈りの原点ともいえる石牟礼道子（1927-）の『苦海浄土——わが水俣病』（1969）からつぎに述べる．

(2) 水俣の人びとの問い——生命のつながり

水俣という辺境の村落において海との深い交わりのなかで生きてきた人びとは，メチル水銀により汚染され，崩壊していく生態系と逃れようもなく運命をともにしていく．本人も水俣病患者であり，水俣の人びととともに生きてきた石牟礼道子は，水俣病を全国に知らしめた『苦海浄土』で，辛酸の極みにある患者に代わって，彼らの魂の叫びを聞き取り，ひとりひとりのかけがえのない人生に深い慈しみを寄せつつ，メチル水銀のおそろしさと会社や政府の被害者軽視の姿勢を告発している．

石牟礼は，『苦海浄土』で被害者ひとりひとりの生と死を，その人びとの言葉を借りて水俣方言で語る．ここでは，小児性水俣病患者になった杉原ゆり（発病当時，5歳）を通して，水俣の自然（生態系）とそこに生きる人びとの生命のつながりを見ていく．その「草の親」では，現代医学では，彼女の緩慢な死，あるいはその生のさまを規定しかねて，「植物的な生き方」といわれた杉原ゆりのことが語られる．

ゆり，あんまりものいわんとめめずになるぞこんどはめめずに．
　　　……
「神さんじゃなか，親のあんたはどげんおもうや．生きとるうちに魂ののうなって，木か草のごつなるちゅうとはどういうことか，とうちゃんあんたにゃわかるかな」
「――」
「木にも草にも魂はあるとうちは思うとに．魚にもめめずにも魂はあると思うとに．うちげのゆりにはそれがなかとはどういうことな」
「さあなあ，世界ではじめての病気ちゅうけん」
　　　……
「ゆりはもうぬけがらじゃと，魂はもう残っとらんと新聞記者さんの書いとらすげな．大学の先生の診立てじゃろなあ．そんならとうちゃん，ゆりが吐きよる息は何の息じゃろ――．草の吐きよる息じゃろか．……ゆりが魂の無かはずはなかよ．そげんした話はきいたこともなかよ．木や草と同じになって生きとるならば，その木や草にあるほどの魂ならば，ゆりにも宿っておりそうなもんじゃ，なあとうちゃん」
「いうな，さと」
「いうみゃいうみゃ．――魂のなかごつなった子なれば，ゆりはなんしにこの世に生まれてきた子じゃいよ」（石牟礼，1969）

　人びとの問いは，たんなる公害病の告発にとどまらず，めめず，鳥，木，草，魚など自然のつながり（あるいは循環）のなかで，人間存在（生命）の根源から発せられたものとして響き合っている．そこには人と自然とが織りなす風土に根ざした鋭い感性，ならびに自然と人の意識が調和した神話世界（赤嶺，1999）が読み取れる．「自然界では，一つだけ離れて存在するものなどないのだ．私たちの世界は，毒に染まってゆく」とカーソンが『沈黙の春』で述べたように，自然とともに生きた水俣の人びとは，その「魂」のつながりのなかで，「毒」によって発病したのである．そして，人びとの問いは，水俣病というおそるべき「悲惨」にあってもなお，極限状況を超えた人間（自然や社会とつながりを持つ人，人びと）が放つ生命の輝き，その美しさに満たされている．それは，日本古来，「一寸の虫にも五分の魂」といわれるように，すべて

の自然の生きものの魂と「共に生きている」，まさに共生の世界であり，そこには精神（エコロジー）の共生が見て取れる．水俣病事件は，このような生きものの「いのち（魂）の共生」が危機にさらされた結果であった．そこから，いのちを大切にする，生きとし，生けるものの権利を守ることの重要性を学んだ．これからの水俣という地域の再生には，あらゆるいのちが共生できるような環境の創造こそがもっとも必要とされる（原田，2006）．それはまた，生物多様性保全の考え方（→第3章3.2(1)）へとつながる．

(3) 健康リスク——化学物質の人体への影響

ところで，『沈黙の春』には「私たちみんなが《発癌物質の海》のただなかに浮かんでいる」，「いずれ四人にひとりががんになる」という脅威が述べられている．とりわけ国内では，『沈黙の春』の出版された1962年には，脳血管疾患（脳梗塞など，脳卒中）がもっとも多く，次いでがんであったが，現在では，2人に1人ががんになり，3人に1人ががんで亡くなる，いまや日本はがん大国といえる．死亡要因の第1位になった1981年以来，死亡者も右肩上がりに増え続けており，アメリカなど先進8カ国のなかでは日本だけである．一般的にがんは年齢とともに増えていく．日本は世界一の長寿国であり，日本においてこれだけがんが増えたことは，それだけ長生きする人が増えたということも意味する．

がんが医学書に初めて記載されたのは1775年である．それは，イギリスのポット卿による慢性的な職業がんとしての煙突掃除人陰嚢皮膚がんであった．また，1800年代に各種の化学工業が発展し，その結果，アニリン，ベンチジンなどの合成された化学物質の曝露を受けた人に膀胱がんが発生した．このような背景もあって，ドイツの病理学者ルドルフ・ウイルヒョー（Rudolph Virchow, 1821-1902）は，がんは「慢性の刺激により発生する」という有名な発がん刺激説を提唱した．正常な細胞ががん化する原因の多くは，細胞増殖の制御に関与する遺伝子に突然変異が起こり，細胞増殖の調節機能が異常になることである．このような突然変異を引き起こす性質（変異原性）を持った化学物質（ディーゼル排気やタバコの煙中に含まれるベンゾピレンなど）を変異原物質とよぶ．それとは別に，突然変異を起こした細胞の増殖を促進する働きを持つ化学物質を総称して，発がん促進物質（発がんプロモーター）とよぶ．多

くの場合，変異原物質と発がんプロモーターが協働的に作用して，細胞のがん化が起こると考えられている．

これら化学物質によるがん化の作用は化学発がんとよばれ，そのような作用を示す化学物質は，総称して発がん物質(carcinogen)とよばれる．なお，TCDDなどのダイオキシン類は変異原性がなく，発がんプロモーターとして作用する．また，変異原性があるものとしては，化学物質以外にもカーソンがその危険性を指摘した放射線やウイルスなどがよく知られている．

ここで問題となるのは，ヒトのがんは多数因子と外的・内的要因を含めた総合作用の結果発生すると考えられていることである（高山・安福，2005）．有吉が『複合汚染』で取り上げたように，多数の化学物質が複合して作用すれば，物質同士の相加，相乗，あるいは抑制などの作用が複雑に絡み合う．この問題は今後のたいへん重要な研究テーマである．

カーソンは，「私たちの食物，私たちの水道，私たちのまわりの空気——すべてが発癌物質で汚染している．……ごくわずかずつ，くりかえしくりかえし何年も何年も私たちのからだに発癌物質がたまってゆく……」，「たとえ，夢の治療法が見つかって癌を押さえられたにしても，それをうわまわる速さで，発癌物質の波は，つぎからつぎへと犠牲者をのみこんでゆくだろう」と述べている．過去にヨーロッパで流行したコレラなどの伝染病は，「予防と治療」により，そのほとんどの発生が抑さえられた．

カーソンは，「まだ生まれ出てこない未来の子孫たちのために，なんとしても，癌予防の努力をしなければならない」と，このうち「予防」に重点をおいて，化学的発がん物質を現代の社会からできるだけ取り除くことの決意を促している．予防のため，つまり，未然に健康被害を回避するために化学物質のリスク評価（健康リスクの評価）が必要となる．そこで各国は，健康リスク（ヒトの健康に被害をおよぼすおそれ）のための化学物質の評価を発がん性に着目しておこなうこととし，これまで化学物質の規制をおこなってきた．われわれが普段，生活のなかで曝露される可能性のある化学物質の数はすでに数万以上にのぼり，排出源も工場や自動車，さらには家のなかまで多種多様である．そのため，健康リスクを評価するとは，化学物質への曝露を減らすことそのものが目的ではなく，結果として生じるかもしれないさまざまな健康被害を減らすことを目的としている．

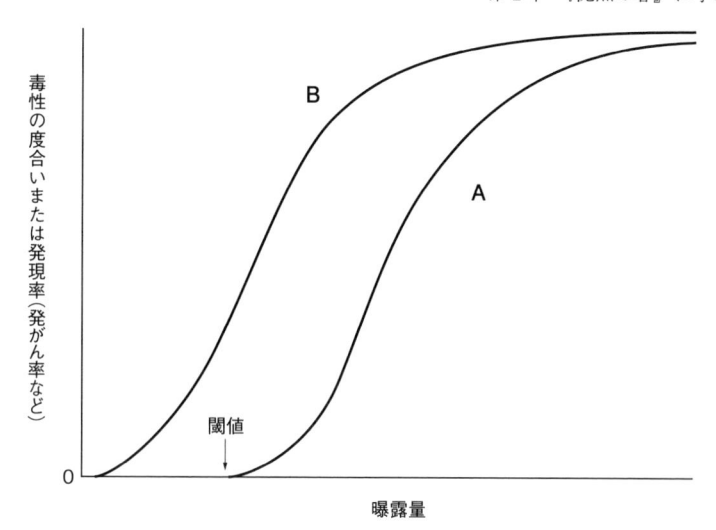

図2-11 化学物質の曝露量と毒性発現の関係．A：一般毒性，B：多くの発がん性と変異原性．（泉，2004より改変）

　カーソンが，われわれは「発癌物質の海」を漂っていると警告しているが，すべての化学物質の特殊毒性（→第2章2.2(1)）に発がん性が確認されているわけではない．一般におこなわれている化学物質の評価の方法は，発がん性を有すると考えられる物質（発がん物質）と，発がん性を有しないと考えられる物質（非発がん物質，たとえば，神経毒性や，肝臓や腎臓の機能を損なう毒性を持つ）とで大きく異なっている．ただし，いずれの場合でも，まず評価対象となるヒトの集団での曝露量を，実際の環境中濃度の測定やシミュレーション（予測）モデルによって推定し，それを対象物質の毒性情報と組み合わせることによってリスクが評価される（蒲生，2006）．

　非発がん物質の毒性は，ある曝露量を超えて初めて発現すると考えられており，そのような境界の曝露量のことを「閾値（＝最大無影響濃度；NOEC）」とよぶ（図2-11）．たとえば，環境基準値*や水道水質基準値などの基準値を決める際には，曝露量がこの閾値を下回るようにすればよい．一方，発がん物質では，閾値がないものとして，まったく異なる方法がとられる．これは，化学物質による発がんは，おもにDNAの障害によるものだと考えられているからである．この考えは，多くの発がん物質が，理論的には分子1個のレベル（つまり超微量）でもDNAに損傷を与え，化学発がん，遺伝子変異，染色体

異常などの原因になる可能性を持つことにもとづいている．そこで，発がんリスク（がんになる可能性，確率）とは，ヒトの集団が特定の発がん性物質の曝露を受けることによって，そのなかで生涯（普通70年）のあいだに何人のがん患者が発生するかという確率（生涯発がん率）を意味する．

このように，発がん性物質と非発がん性物質のリスク評価は大きく異なるので，相互に比較することができない．そこで，ヒトの健康リスクについて，エンドポイント（皆が避けたいと思うこと）を「ヒトの死」と定義し，発がん性，肝・腎機能障害や中枢神経障害など異なったヒトの健康リスクを統一的な見方として，損失余命（寿命の短縮）という科学的な「ものさし（客観的尺度）」が開発されている（蒲生，2006）．この場合のリスク評価手法は，さまざまな健康リスクを比較できるようにするためのものであり，そのためにいろいろな化学物質のリスクの値を並べたリスクランキングが作成されている（表2-10）．

＊環境基本法第16条によると，「人の健康の保護及び生活環境の保全のうえで維持されることが望ましい基準として，終局的に，大気，水，土壌，騒音をどの程度に保つことを目標に施策を実施していくのかという目標を定めたもの」が環境基準である．その多くは化学物質を対象項目に環境基準が設定されている．そのうち，「水質汚濁に係わる環境基準」（水質環境基準）が2003年に一部改正され，「生活環境基準項目」として「水生生物の生息状況の適応性」が加えられ，生態系の保全という視点が環境基準に初めて取り入れられた．

この水質環境基準では，河川，湖沼，海域などの公共用水域における水生生物の生息の確保という観点から世代交代が適切におこなわれるよう，水生生物の個体群レベルでの存続への影響を防止することが必要であることから，とくに感受性の高い生物個体の保護までは考慮せず，集団の維持を可能とするレベルで設定するものとされる．また，当該水域に生息する食物連鎖の上位の魚類だけでなく，その餌となる下位の生物の個体数に影響が出れば，その当該水域に生息する魚類の生息にも影響が生じることから，水質環境基準の設定のための評価対象とする生態影響は，魚類および餌生物双方の生息に直接関係する死亡，成長，行動，繁殖などの急性，ならびに慢性毒性に関するものとされる．具体的な基準が設定されたのは亜鉛だけで，淡水域の水質環境基準値（30 μg/l）は，複数の毒性試験結果の比較検討により，エルモンヒラタカゲロウ幼虫の個体レベルで決められた慢性毒性値（最大無影響濃度；NOEC）を根拠に導出されている．

しかしながら，前述の「水生生物の個体群レベルでの存続への影響を防止すること」と，近年，化学物質の生態リスク評価を個体群，群集，生態系レベルで実施することの重要性からも，個体群サイズを減少させる亜鉛濃度を検討することが望まれる．ここでの生態リスク評価とは，「行政の意思決定に寄与する」，「不確実性の存在を前提とする」，「人間活動との兼ね合いを調整する過程の一端を担う」という特徴的なニュアンスを帯びた生態リスクに関する科学的な評価である（林ほか，2010）．よって，今後の環境基準値の見直しや新たな設定については，このような生態リスク評価の結果が重要な資料となるような「常に新しい科学的知見の収集に努め，適切な科学的判断が加えられていかなければならない」であろう．

表2-10 おもな汚染物質のリスクランキング．有害性の種類は，C：発がん性，NC：非発がん性．（蒲生，2006より改変）

汚染物質	有害性の種類	損失余命（日）
喫煙（全死因）	C，NC	>1000
喫煙（肺がん）	C	370
受動喫煙（虚血性心疾患）	NC	120
ディーゼル粒子	C	58-14
受動喫煙（肺がん）	C	12
ホルムアルデヒド	C	4.1
ダイオキシン類	C	1.3
カドミウム	NC	0.87
ヒ素	C	0.62
トルエン	NC	0.31
ベンゼン	C	0.16
メチル水銀	NC	0.12
DDT類	C	0.016
クロルデン	C	0.009

　カーソンが取り上げて環境中の汚染物質の代名詞となったDDT類やクロルデンなど有機塩素系殺虫剤の健康リスクは，いまでは必ずしも上位のリスク要因ではないこと，また，カドミウムなど重金属類のリスクは比較的大きく，非発がん性のリスクは発がん性のリスクに比べて無視できるほど小さいわけではないことも示されている．さらに，喫煙および受動喫煙は，環境中の汚染物質に比べると圧倒的に大きなリスク因子であることが再認識された．なお，国内で男性のがん死亡が多いのは，欧米などに比べて喫煙率の高さなどの生活習慣による．タバコがなくなれば，男性のがんの4割がなくなるといわれている．また，受動喫煙が原因とみられる肺がんや虚血性心疾患による成人の死亡は，年6800人にのぼることが報告されている（平成21年度厚生労働省推計）．

　しかしながら，表2-10のランキングでは，個々のリスクの推定値にはかなりの不確実性があると考えられ，しかも化学物質によって不確実性の大きさが異なることに留意しなければならない．さらに，このランキングはヒトの健康リスクのみを扱っている点も忘れてはならない．たとえば，DDTは，年間100万人以上が死亡するマラリアに対する予防効果の高さが見直されており，2006年に世界保健機構（WHO）が屋内の壁への吹き付けを奨励する方針に転換した．これは，実際の健康リスクの大きさが重視され，壁への吹き付け曝露量は少なく，マラリア予防の便益が勝るとされたからである．ところが，DDTを

はじめとする POPs は，生態系の生物に対して悪影響が懸念されている（→第 2 章 2.3(2)）．このような生態リスク（生態系の生物に被害をおよぼすおそれ）と健康リスクとを統一的に評価することは，少なくとも現時点では困難であるが，対策の優先順位を考える際には，両方のリスクの存在を念頭におくことが重要である．

3 | 『海辺』に学ぶ
——生物多様性を知る

When we go down to the low-tide line, we enter a world that is as old as the earth itself—the primeval meeting place of the elements of earth and water, a place of compromise and conflict and eternal change. For us as living creatures it has special meaning as an area in or near which some entity that could be distinguished as Life first drifted in shallow waters-reproducing, evolving, yielding that endlessly varied stream of living things that has surged through time and space to occupy the earth (Carson, 1998a).

　潮の引いた海辺に下りていくと，私たちは，地球と同じように年月を経た古い世界に入りこむ．そこは太古の時代に大地と水が出合ったところであり，対立と妥協，果てしない変化が行なわれているところなのである．私たち生きとし生けるものにとって，海とそこをとりまく場所は特別な意味を持っている．浅い水の中に生命が最初に漂い，その存在を確立することができたところなのだから．繁殖し，進化し，生産し，生きもののつきることのない変化きわまる流れが，地球を占める時間と空間を貫いてそこに波打っているのだ（カーソン，1987）．

3.1 作品紹介

　海辺は，太古の時代に大地と水が出会ったところであり，私たちの遠い祖先の誕生した場所である．潮の干満と波が回帰するリズムと，波打ち際のさまざまな生物には，動きと変化，そして美しさがあふれている．カーソンは，生物と地球を包む本質的な調和によって海辺を解説しようと試みている．まず，序章では，海辺はつねに陸と水との出会いの場所であり，いまでもそこでは，たえず生命が創造され，また容赦なく奪い去られており，進化の力が変わることなく作用しているところであると述べられる．そしてカーソンは，海辺に足を

踏み入れるたびに,「生物どうしが,また生物と環境とが,互いにからみあいつつ生命の綾を織りなしている深遠な意味を,新たに悟るのであった」.

つぎの第1章の「海辺の生きものたち」では,海岸生物の形態を決定し左右するものとして,波,潮流,潮の干満,海水の化学的な説明まで,「海の力」の基礎的な話題を紹介する.そして,約5億年前のカンブリア紀の岩石に含まれる化石を調べることで,現在の海辺に生息しているカイメン,クラゲ,あらゆるゴカイ類,巻貝に似た単純な軟体動物や節足動物など無脊椎動物(海辺のおもな生物はそのなかに含まれる)や藻類(植物)の大部分の種の原形はこのカンブリア紀に出現していること,さらにカンブリア紀末期から数億年にわたって生物の形態は周囲の環境によりよく適応するように進化し,原始的なグループの細分化が起こり,現在も見られるような新たな種が生まれたことが述べられる.

地球上の海岸は,岩礁海岸,砂浜,サンゴ礁の3つの基本的なかたちに分けることができる.第2,3,4章は,それぞれカーソンが調査をおこなったアメリカの大西洋岸のメイン州の岩礁海岸,ノースカロライナの砂浜,フロリダのサンゴ礁の海岸におけるほかの生物(ケルプなどの海藻も含む)や環境と密接な関係により共存するフジツボ,イガイ,タマキビ類,ゴカイ類などの無脊椎動物をはじめさまざまな生物についての解説である.すなわち,海辺に生息する生物の形態や生態とその地質学的環境を詳細に観察し,ニッチ(生態的地位)による理解とともに生物の「個性」,ならびに生物と環境,生物と生物の複雑な「つながり」など,生物多様性の理念にもとづいた理解がなされている.また,生物間の共存に見られる依存関係や環境への適応を進化学・生化学的に解明している.終章では,すべての海岸では,海の永遠のリズムのなかで,生命はかたちづくられ,変えられ,支配されつつ過去から未来へと無常に流れていくと述べられる.そして,渚に満ちあふれている無数の生命の背後にある普遍的な真理(「自然の力」)をつかむことが並大抵な業ではないものの,それを追求していく過程で,私たちは生命そのものの究極的な神秘に近づくであろうとまとめている.

3.2 生物多様性——いのちのジグソーパズル

(1) 生物多様性とは——「つながり」と「個性」

　生物多様性とは，あらゆる生物種の多様さと，それらによって成り立っている生態系の豊かさやバランスが保たれている状態（調和した状態）であり，さらに，生物が過去から未来へと伝える遺伝子の多様さまでを含めた幅広い概念である．一言でいうと「深海から高地まで，地球上のさまざまな環境に適応したたくさんの生きものが暮らしていること」である．その生物多様性は，「つながり」と「個性」といいかえることができる．「つながり」というのは，「食う（捕食者 predator）-食われる（被食者 prey）」関係である食物連鎖によるつながりなどの生物個体や個体群の相互作用（→第3章3.2(4)）によるつながり，あるいは，生物群集や生態系同士の相互のつながりであり，さらには地球規模の大気や水の循環などを通した大きなつながりでもある．そのつながりは，地域を通したつながりだけでなく，世代を超えた「いのち（生命）」のつながりである．

　カーソンは『海辺』で，現在の海辺に生息している無脊椎動物は5億年前のカンブリア紀に著しい進化を遂げ，さらにその末期から数億年にわたって，生物の形態は周囲の環境によりよく適応するように進化し，原始的なグループの細分化が起こり，現在も見られるような多様な生物種が生まれたことについて述べている．つまり，この地球上には，生命が誕生して以来，およそ40億年の進化の歴史を経て，現在，科学的に明らかにされている生物種が約175万種，未知のものも含めると3000万-1億種以上ともいわれる多様な生物が暮らしている（環境省，2010）．このことを「種の多様性（いろいろな生物種がいること）」という．なお，『海辺』に数多く見られる無脊椎動物の貝類は，昆虫（→Box-4）に次いで多様性の高い動物であるといわれ，生息環境の幅の広さ（後述の岩礁海岸，砂浜，サンゴ礁など）から海洋生物ではもっとも種の数が多い（ただし，未知のものまで含めると線虫がもっとも多いともいわれる；佐々木，2010）．

　このように生態系を構成する生きものの種が多様であることは，生態系の安定性につながるものである．しかしながら，各々の地域における種の数だけで

単純に優劣を比較すべきものではない．たとえば，高山帯などの寒冷地や砂漠などの乾燥地帯は，一般に生息する種の数は多くないが，熱帯雨林などに比べて劣っている生態系というわけではない．むしろ，地域固有の生態系が保たれているかどうかに着目すべきである．

　同じヒト *Homo sapiens sapiens* であっても，人種や民族による違いだけでなく，われわれひとりひとりの顔かたちが異なっているように，同じ日本人でもさまざまな遺伝的性質を持つ個体がいること，つまりさまざまな「個性」を持つ個体がいることを遺伝的多様性（遺伝子の多様性，同種であってもいろいろな変異がある）という．また，さまざまな地域の環境に適応する，たとえば，乾燥に強い個体，暑さに強い個体，病気に強い個体など，さまざまな「個性」を持つ生物個体が存在する．そのため，同じ種であっても個体や個体群間で，生息する地域によって体のかたち・色や行動などの特徴が少しずつ異なっている．たとえば，同じゲンジボタルでも中部山岳地帯の西側と東側の個体群では，発光の周期が違うことや，アサリ個体の貝殻の模様が千差万別なことである．

　このように遺伝子が多様であることは，種の絶滅の回避につながるものである．遺伝的多様性のもともとの原因は，遺伝子の突然変異であり，突然変異は新たな対立遺伝子をつくりだす（→Box-5）．カーソンも『沈黙の春』で，「害虫を駆除しようと大量に化学薬品をまけば，悪い結果になるとしか予想できない．強者と弱者がまじりあって個体群を形成していたかわりに，何世代かたつうちには，頑強で抵抗性のあるものばかりになってしまうだろう」と，大量の化学薬品（殺虫剤）が弱者（個体）の絶滅につながることに加えて，強者（個体）と弱者（個体）がまじりあって個体群を形成しているという「遺伝子の多様性」に言及している．

　ここで，それぞれの生物個体をジグソーパズルのかたちの違ったピースにたとえるなら，各ピースはそれぞれの「個性」を持ち，自ずと「差異（違い）」を生み出す．つまり「差異」によってそれぞれの個体の自己（自分）と非自己（他者）であるまわりの個体の関係，すなわち「つながり」を認識することができる．したがって，ジグソーパズルのそれぞれのピースには，「差異」がなければパズルを完成させることはできない．ここでいう「差異」とは，遺伝子の変異から生まれるものである．つまり，各ピースはそのまわりとの「つながり」にあったピースをつなげることで，パズルを完成することができる．そし

Box-5 進化──突然変異，自然選択と適応

　生物の無限の多様性，形態，生理，行動面の豊かな変異（variation）は，すべて何百万年にもわたる自然選択（淘汰 natural selection）と適応（adaptation）による進化の結果である．この進化の歴史は，ありとあらゆる生物個体に消えることのない痕跡を残している．生物進化を一言で定義すれば，「世代を通じて受け継がれていく生物の性質（形質）が変化していくこと（遺伝形質が変化していくこと）」（河田，1989）であり，生物進化が起こるためには，生物個体が死んでも，その生物のさまざまな性質が子孫に引き継がれていくことが必要である．生物では，DNA や DNA からなる遺伝子がこうした性質を伝える役割を担っている．

　ダーウィンは，その著『「自然選択」または，「存続をめぐる争いにおいて有利な種族の保存」による種の起源について（種の起源）（On the Origin of Species by Means of Natural Selection, or the Preservation of Favoured Races in the Struggle for Life）』（1859）において，①生物の個体には，同じ種に属していても，さまざまな変異が見られる，②そのような変異のなかには，親から子へ伝えられるものがある，③変異のなかには，自身の生存や繁殖に有利となるものがある，と述べ，飼育栽培下と自然下での変異について，つぎのように述べている．

（飼育栽培下）
・個体に生じた変異が人から見て有益ないしは好ましいと判断された場合（人為選択），その変異は代々蓄積されて拡大され，やがて人為的な新種の誕生へとつながる（第1章「飼育栽培下での変異」）．
（自然下）
・自然状態にある生物個体にもさまざまな変異が生じる（第2章「自然の下での変異」）．これらの変異を持った個体のうち，ある自然環境下で，生存や子孫を残すのにもっとも有利な変異を持った個体が生きのびて子孫を残す．そして，その変異は保存され，世代を通じて受け継がれていく（第3章「存続をめぐる争い」および第4章「自然選択，すなわち最適者の生存」）．

　このように自然下においては，自然選択によって変異が集積されることで生物が変化させられる（新たな遺伝形質の獲得）と述べている．自然選択とは，生物個体（遺伝子）に起こる突然変異によって発生するさまざまな形質（形態，生態，行動）のなかから，適応度（fitness; ある生物個体がその生涯で生んだ子

のうち，次世代の繁殖にかかわる子の数の割合）が高いものが生き残り，低いものは絶滅するということである．つまり，適応度がもとになって，個体の生存や繁殖を向上させるような性質の頻度が変化する場合のみ，自然選択が働いていると見なされる．

このように，生物個体の生存や繁殖に有利な形質（変異）は子孫に伝えられる．たとえば，インドでは1940年代後半にDDTが初めてマラリアを媒介するカの制圧に用いられた．初めは非常に効果的だったが，1959年には世界で初めてDDT抵抗性のカがインドにおいて出現した．抵抗性のカの頻度はたちまち増大し，DDTの効果は低下する一方となった．いまではDDT抵抗性のカは地球上のいたるところで見られる．この結果，1つの地域でDDT撒布作戦を開始しても，カの集団はものの数世代（数カ月）のうちに抵抗性を進化させてしまう．しかしながら，このような1つの集団内の昆虫のなかに，特定の殺虫剤（この場合は，DDT）に対する抵抗性の対立遺伝子を持つもの（変異個体）が1匹もいなければ，自然選択はその殺虫剤に対する抵抗性の進化を促進することはできない．ここでいう変異の原因は，遺伝子の突然変異による新たな対立遺伝子の形成によるものである．このような集団の進化の要因となりうるのは，突然変異と自然選択，そして，非ランダム交配（集団内の個体がランダムに交配しないこと），遺伝子流動（集団間での対立遺伝子の交換のこと），遺伝的浮動（時間経過のなかで，対立遺伝子がランダムに抽出される過程のこと）の5つが知られている．

ここで，ダーウィンの進化論（ダーウィニズム）を一言でまとめると，「生物の進化は個体の遺伝的変異（遺伝する突然変異）に自然選択が働くことで進むという仕組みを基本にすえた考え方」を指している．また，それだけではなく，コペルニクスが，地球もまた，自ら動く天体の1つであると，宇宙のなかでの「地球の位置」を示したように，ダーウィンの進化論は，人もまた，変化を遂げてきた動物の1つであると，生物全体のなかでの「人の位置」を示したといえよう．なお，ダーウィンは，『種の起源』で「私は種を，おたがいにとてもよく似た生物個体の集まりに対して，便宜のために恣意的に与えられた用語としてみなしている」と述べている．

さらに，その第2章で，変異にもとづいて自然界の（血統が共通している）変種や亜種，種のありさまを論証して，品種→変種→亜種→種となるにしたがってその違いが大きくなる．それぞれの違いは連続しており，さらに品種の違いは個体差とも連続している．これら一連の流れがあるだけで，品種から種のあいだに本質的な違いはないとしている．すなわち，ダーウィンは，「このように（個体差による品種から種へのそれぞれの）差異は相互に溶け合い，連続し

> た一連の流れになっている．そしてこうした流れは，実際に変化の過程があったのだという理解を心に刻みつける」と述べて，「種は実在しない」という考えの持ち主だった（北村，2009）．この考えでは，個体差から種にいたるまでの境界線があいまいであるという生物の変貌の過程を表しているのだろう．
> 　つぎに，ある環境で自然選択が働き，生物個体（遺伝性の生存に有利な変異）の生存率や繁殖率が高まることを「ある環境に適応する（生物個体の適応度は高い）」という．このように自然選択によって集団中にある遺伝的な性質が広まり，変化していく過程を適応といい，その過程により個体の生存率や繁殖率が高まるように生物の性質（遺伝形質）が変化する．カーソンは『海辺』で，「条件が厳しく絶えず変化している海辺は，生物が生き残れるかどうかを試される場所であり，生物は，正確にかつ完全に環境に適応するように厳しく要求される」と述べている．たとえば，タマキビ類の陸への進化について適応度の最大化を主目的としていること，ヨメガカサが，海岸の複雑な世界に完璧な正確さで適応していること，ゴカイ類が周囲の海藻の世界とともに適応してきたこと，イガイ，フジツボ，タマキビ類などについて，彼らは頑丈で適応力があり，どんな潮位にも生息することができることなどを例にあげている．進化的変化のもとになる突然変異は，DNAレベルでつねに起こりうるものであるが，適応はいかにまわりの環境に順応できるかにかかっており，生物進化を考えるうえでもっとも重要な過程である．なお，生物の適応は，遺伝子，表現型，個体群，群集といった異なる生物学的な階層をつなぐかけ橋であり，多様な生物からなる群集の構造やダイナミクスを理解するうえで欠かすことのできない現象である（大串ほか，2009a）．

て，完成されたジグソーパズルは，まさしく生物であふれた自然界（生物圏）そのものであり，その様相こそが生物多様性である．

　このような「個性」と「つながり」は，太古の地球に誕生した生物の長い進化の歴史によりつくりあげられてきたものであり，数え切れないほどの生物種が，それぞれの環境に応じた相互の関係を築きながら，多様な生態系（森林，湿原，河川・湖沼，サンゴ礁など）を形成している．このことを「生態系の多様性」という．すなわち，地域における生態系の多様性のことであり，生態系が多様であることは，地域の持続性につながるものである．

　いままで見てきたように，生物多様性は，「種の多様性」，種内の「遺伝子の多様性」，「生態系の多様性」，ひいては，それよりも高次のシステムで，里

地・里山や里海をはじめとする人間活動とのかかわりを持つ自然（生態系）ともいうべき「景観の多様性」をも含む概念である．こうした側面を持つ生物多様性が，さまざまな恵みを通して地球上のすべての生物と人の「いのち」と「暮らし」を支えている（→Box-6）．さらに生物多様性とは，進化の結果として多様な生物が存在している（「種の多様性」）というだけではなく，カーソンが，「海辺は，生命の出現以来今日に至るまで，進化の力が変わることなく作用しているところである」と述べているように，生命の進化という時間軸上の生物の尽きることのないダイナミズム（変化）も含む概念である．それゆえ，現在の生物の多様性をそのまま維持していくというよりも，生物同士の相互作用（→第3章3.2(4)）により，自然な進化のダイナミズムが確保されてこそ，生物多様性の保全につながるといえるだろう（→第5章5.1(3)）．

(2) ニッチ（生態的地位）とハビタット（生息場所）

生態系を構成する生物種は，それぞれ生活している場所や食べものの種類が決まっている．そこで，ある生物種が生物群集のなかで占める「生活空間の場所的地位」と「食物連鎖上の地位」を，生態学用語で，ある生物種のニッチ（生態的地位 ecological niche）とよぶ．ニッチには，光，温度，湿度，栄養塩などの無機的環境条件と餌，捕食者，競争者などの生物的環境条件が含まれる．このようにニッチとは，ある生物種が環境のなかで占めている地位のことであり，その生物がおかれている空間の条件（無機的・生物的環境条件），その生物がそこに存在する時間をも含めた概念であるとされる．つまり，特定種の生物は，ある範囲の条件下でのみ繁殖可能な個体群を維持できるし，また特定の資源（餌など）だけを利用することができる．これらの生物はまた，一定の時間帯にだけある環境下に出現することがある．たとえば，食虫性コウモリは夜行性であるが，その時間に採餌する食虫性鳥類はほとんどいない．また，生物は発育に伴ってニッチを変えることがある．たとえばヒキガエルは，成体への変態が起こる前は水中環境で生活している（そして藻類やデトリタスを食べている）が，変態後は陸生の（そして昆虫食の）動物となる（Mackenzie *et al.*, 2001）．

"niche" の元来の意味は「壁に穿った穴で，そこに像などをおく場所」であり，それを「生物社会（群集）における各生物の位置ないし地位（住所や職

Box-6 生態系サービス
――いのちと暮らしを支える生物多様性

　カーソンが,「ひとりで存在しているものはなにもない」と述べているように,人間の生活は,多様な生物が存在して初めて成り立つ.生物多様性は,人間の経済と文化の活動と密接なかかわりをもっており,われわれは,生物多様性からの恵みに支えられて生きている.たとえば,食料,木材,衣服や医薬品,さらに,われわれが生きるために必要な酸素は,植物などによってつくられ,汚れた水も微生物などによって浄化されている（生態系の機能).生物多様性は,われわれの生活になくてはならないものなのである.すなわち,生物多様性は,「人間が生きるための社会インフラ」と定義することもできるだろう.

　ところで,世界の森林面積は,過去300年間で4割縮小している.また,1900-1960年には1年に1種,1960-1975年には1年に1000種,1975年以降は1年に4万種と,種の絶滅速度は急激に上昇し続けている.これら森林破壊や種の絶滅などの生態系の構造の破壊は,生態系の機能の低下を招くことになる.それはとりもなおさず,生物多様性の損失*が要因となっている.それによる経済損失は,なにも対策をしなければ,世界で年間最大4兆5000億ドルにのぼるとの試算（国連環境計画「生態系と生物多様性の経済学（TEEB)」報告書2010)もあり,生物多様性の保全が急務である.これら生物や生態系の機能のうち,人間が受ける恩恵を総称して生態系サービスという.人間は無償の生態系サービスを受けて生存している.ただし,生態系サービスは,「自然の恵み」そのものであり,「サービス」にはたんなる経済的価値を超えた重い意味合いがあり,「生態系・いのち」ともよばれる（江崎, 2010).

　国連のよびかけで2001年に発足した生態系に関する世界的な調査「ミレニアム生態系評価」では,生態系に由来する人類の利益となる（幸せな暮らしに欠かせない）機能,すなわち,生態系サービスを以下のように大きく4つに分類している.また,「人類が過去50年間に急速に生態系を変え,24の生態系サービスのうち15が劣化したこと」や,「次世代が得る利益の大幅減少」を警告している.このミレニアム生態系評価は,最新の生態系管理政策や科学研究の基礎となっている.地球の生態系サービスを経済的に評価する研究も相次いで発表され,世界全体の国内総生産（GDP)の2倍にのぼるという試算もある.生態系サービスの経済価値を評価することで,生物多様性の損失*を防ぐ意義が明らかになる.

①維持的サービス

　生態系サービスのうちすべての基盤となるもので，水や栄養の循環，土壌の形成・保持など，人間を含むすべての生物種が存在するための環境を形成し，維持するもの．

②調節的サービス

　汚染や気候変動，害虫の急激な発生などの変化を緩和し，災害の被害を小さくするなど，人間社会に対する影響を緩和する効果を指す．

③供給的サービス

　食料や繊維，木材，医薬品など，われわれ人間が衣食住のために生態系から得ているさまざまな恵みを指す．

④文化的サービス

　生態系がもたらす，文化や精神の面での生活の豊かさを指す．レクリエーションの機会の提供，美的な楽しみや精神的な充足を与えるもの．

　このようにエネルギーや物質の循環を支えるという物理的な側面から精神や地域固有の文化にいたるまで，われわれは生活の隅々に生態系からの恩恵を受けていることがわかる．このうち①から③には，生物資源として，あるいは生態系機能（生態系のなかでの生物と環境との相互作用の働き）としての経済的価値がある．一方，④の文化的サービスには，「生物多様性には人類の精神が拠り所とする基盤のようなものが含まれている」，つまり，人類の文化を育んだ文化的価値（芸術，祭り，教育，文学，歴史観への影響など）と，人類の進化を導いた倫理的価値（美意識，情緒，倫理観などに人の進化の過程で自然やほかの生物から受けた影響など）の２つの歴史的価値がある．また，「生物多様性」の言葉の生みの親のひとりとして知られるアメリカの生態学者エドワード・ウィルソン（Edward Osborne Wilson, 1929-）は，『バイオフィリア——人間と生物の絆』（狩野秀之訳，1994）で，「バイオフィリア」を「生命もしくは生命に似た過程に対して関心を抱く内的傾向」と定義し，「このような感情は生物としての長い進化の過程の中で，人間に刷り込まれてきたものであり，人間は，人間以外の生物に対する関心や愛情，絆を本能的に持っている」と生物多様性の倫理的価値との関連性について述べている．

　カーソンが『海辺』で取り上げたサンゴ礁の北限域に位置する日本列島は，亜熱帯域に位置する沖縄から，温帯域に位置する九州・四国・本州沿岸にかけて緯度方向にサンゴ礁地形が変化する（山野，2008）．サンゴ礁がわれわれにもたらす自然のサービス（生態系サービス）には，漁業を支え，水産資源生物に産卵と生育の場を与えること（供給的サービス），石灰岩でできた硬い礁と，サ

表1 日本のサンゴ礁の生態系サービスの経済的評価の試算結果.(堀内,2009より)

サンゴ礁の生態系サービス	経済的価値（億円／年）
観光・レクリエーションの提供	2399
商業用海産物の提供	107
波浪・浸食の被害からの保護	75-839

ンゴの瓦礫や有孔虫の死骸でできた砂浜が，津波や波浪から人びとの生命財産を守ること（調節的サービス），種や遺伝子の宝庫としての高い生物多様性（維持的サービス），マリンレジャーの場として観光業を支えること（文化的サービス），サンゴ礁の美しさがもたらす精神衛生上の効果と文化・教育の場としての機能（文化的サービス），生物間の有機物の循環と砂浜の濾過作用による海水の浄化機能（維持的サービス），などがある．

漁業や観光業などでサンゴの恵みを受けて暮らしている人は，世界全体で1億人を超えるといわれている．サンゴ礁生態系を保護することと，種とそのすみ場を保存することがいかに重要であるかを政策にかかわる人たちや社会一般に認識させるために，サンゴ礁の社会経済的な価値を数量化した報告もある．たとえば，環境省は，2009年に日本のサンゴ礁が持つさまざまな生態系サービスから3つを抽出し，経済的価値を算出した（表1）．今後，より正確な試算方法の確立が必要だが，同試算では，3つのサービスだけで年間3300億円以上の経済的価値があるとされた．また，世界のサンゴ礁がもたらす生態系サービスの評価額全体のうち，供給的サービスである「栄養塩の循環」がもっとも多く，次いで文化的サービスが，そして，「廃棄物の処理」（廃棄物の処理，公害制御，無毒化など微生物や干潟の機能などによるもの），「自然災害の調整」などの維持的，調節的サービス，「水の供給」，「食料の生産」といった供給的サービスがこれに続く．

---

*生物多様性の損失の要因には，①人間活動の拡大・開発がもたらす影響（生物個体の捕獲・採取による個体数の減少，開発に伴う森林やサンゴなどの生息・生息域の縮小・消失など．たとえば，有明海の干拓で干潟が減少して貝類などが死滅），②人間活動の縮小・撤退がもたらす影響（里山における過疎化や高齢化の進行による生活・生産様式など社会経済の変化が原因の二次林の利用・管理の縮小・撤退による多様な生物の消失．たとえば，佐渡島の棚田の耕作放棄によりトキの餌場が減少），③移入種や化学物質による影響（人為によって移入された外来種による地域固有の生物相や生態系の攪乱，有害な化学物質による動植物や生態系の損失．たとえば，斜面緑化や砂防に使う外来植物がカワラノギクを駆逐），の3つの危機（多くの種の絶滅や生態系の崩壊）ならびに気候変動の危機（温暖化によりもたらされる種の減少，絶滅，

業)」を示すものとして，アメリカの動物学者ジョセフ・グリンネル（Joseph Grinnell, 1877-1939）により「ある種または亜種が占有する生息地の究極の単位」として定義された．すなわち，「像」は各生物であり，「壁」にあたるのは，各生物の「個性」と生物間の「つながり」により長い進化の過程で構築されてきた動的な「構造」である．これは，生物圏全体，あるいは先ほどのジグソーパズルの全体である．そして，「穴」とは，その「構造」の空いた空間的・時間的な場所（つまり空いたニッチ）であり，ジグソーパズルの各ピース（生物個体や生物種など）のはめ込まれる場所である．各生物個体や生物種は，まずはその「穴」（空いているニッチ）に入り込み，各個体や種それぞれにその「穴」を変更していくとき，それは新しい「壁」をつくっていくことになる．そこにまた，別の新たな「穴」（空いたニッチ）を生じさせる（川那部，2007）．この無限のくりかえしが，各個体や種のさまざまな「個性」やその生物に影響する相互作用による「つながり」を生み出し，その程度によって変化していくことが，まさしく生物進化の様相といえる．

　カーソンは，『海辺』でさまざまな生物のニッチについて言及している．「岩礁海岸」では，まず，かなり荒い磯波が押し寄せる開けた海岸では，満潮線のすぐ下の岩に，無数のフジツボが群がり真っ白になっており，その白い帯はあちこちで断ち切られているが，そこにはイガイ（ヨーロッパイガイのこと）が濃紺の斑点となって群がっている．その下のほうには，岩にはりついた海藻が

あるいは生態系の変化を通じた生息地・生育地の縮小・消失．たとえば，高山植物の減少など）に区分される．
　国内の生態系を「森林」，「農地」，「都市」，「陸水」，「沿岸・海洋」，「島嶼（大小さまざまな島）」に6分類して，総合的評価・判定をおこなっている環境省の検討委員会が，50年前と比較して，2010年までのわが国の生物多様性の損失はすべての生態系におよんでおり，全体的に見れば損失はいまも続いているとしている（中静，2010）．とりわけ陸水生態系，沿岸・海洋生態系，島嶼生態系における損失は大きく，現在も損失が続く傾向にある．これらの生態系では第1の危機（開発・改変）と第3の危機（外来種）が複合的に作用している．国内の外来種については，ブラックバスやブルーギルなどの外来魚が，全国各地の河川や湖沼などの陸水生態系に大きな影響を与え，琵琶湖などで固有の淡水魚の個体数減少を招いたと指摘されている．また，森林生態系，農地生態系における損失も大きく，これらの生態系では第1の危機（開発・改変）と第2の危機（利用・管理の縮小）の両方が作用してきたと報告している．なお，「地球温暖化の危機」は，気温の上昇などと具体的な生物多様性への影響との因果関係について議論があるものの，森林生態系（高山），沿岸生態系（サンゴ礁），島嶼生態系で影響力が大きいと見られている．

茶色の野原を形成していると，フジツボとイガイと海藻のそれぞれのニッチがはっきりと分かれていることを美しく表現している．さらにそれに続けて，生物が描くこのような模様は，多少の差はあっても，世界のあらゆるところに見られるが，場所によっては磯波の力にかかわっているということを説明する．たとえば，波の荒い海岸では，フジツボがまるで白いシーツを敷いたように岸の上に広がるので，海藻のヒバマタ（ヒバマタ属の一種，*Fucus edentatus* のこと．ずんぐりして枝が多く，平たい葉の先端が細くなった褐藻類）の生える場所は非常にせばめられる．また，磯波を避けられるところでは，ヒバマタは岩場の中央部を広く占領するばかりでなく，上のほうの岩にまで侵略して，フジツボの生育条件を損なっている．

なお，イガイ類の体内には，DDT（有機塩素系殺虫剤），PCB（有機塩素化合物）や臭素系難燃剤（BFRs）などのPOPs（残留性有機汚染物質）（→第2章2.3.(2)）が高濃度で蓄積されることから，イガイ類は，沿岸域の化学物質汚染の実態を明らかにするための生物モニタリング法[*1]として調査されている．

また，フジツボとイガイの捕食者である肉食のイボニシ（ここでは，北海道南部から九州および西太平洋の潮間帯の岩礁にもっとも普通に見られるイボニシと同属の *Thais lapillus* のこと．dog whelk［イヌのにきび］とよばれ，明るい色彩をしている巻貝の一種）について，「たくさんいたフジツボをイボニシが徹底的に食べ尽くしたので，代わりにイガイが空いた生態的地位を占めるようになった」と3種の生物の「つながり」について，ニッチを用いて説明している．イボニシのように，ほかの生物種の抑えの役目を果たしている種のことをキーストーン種[*2]（群集構造に大きな影響を与えるような種）という．ある生物種が占めることのできるニッチ空間（時間）は，その生物に影響する競争

[*1] 海水中の人為起源化学物質の濃度は低いため，海水中の微量有機汚染物質を直接抽出し分析するためには，大量の試料の処理とそれに伴う大量の試薬，労力を要する．そこで，生物濃縮により生物体内に高濃度で蓄積された物質を抽出・分析し，評価する方法が用いられている．このような生物モニタリング法の1つが「ムラサキイガイおよび近縁種を用いた沿岸環境の汚染状況の評価」(Mussel Watch) である（高田ほか，2004）．

[*2] もともとは Paine (1966) が，潮間帯におけるヒトデ *Pisaster ochraceus* の捕食が下位の栄養段階の競争関係を緩和させることで潮間帯食物網の維持形成に重要な役割を果たしていることを示し，ヒトデをキーストーン捕食者と名づけたことに由来する．

や捕食の程度によって変化する．このような競争や捕食のないときには，ある無機的環境条件下で，その生物種はより広い範囲（より長い時間）の資源レベルで生存することができる．この最大ニッチ空間のことを基本ニッチ（fundamental niche）という．フジツボ，イガイとイボニシの例のように通常，野外ではこのような競争者（フジツボとイガイ）や捕食者（イボニシ）がいるので，生物の生活範囲は，より狭いニッチ空間に制限される．これをその生物の実現ニッチ（realized niche）という．

　また，カーソンは，潮だまりという同じ場所で，潮流のなかの目に見えない漂流物にまったく頼りきっているイガイとヒドロ虫類が，餌の違いによりニッチを分けていることを示している（くいわけ）．すなわち，イガイは植物プランクトンの受け身型濾過器であり，ヒドロ虫類のほうは積極的な捕食者で，動物プランクトンである微小なミジンコやケンミジンコ，ゴカイ類を罠にかけてつかまえる．

　ほとんどの潮間帯（満潮のときは水面下に隠れ，干潮のときには海底が露出する部分）の動物は，特定の場所（ニッチ），すなわち，海藻のツノマタ（ヤハズツノマタのことで，赤茶色の紅藻類）地帯の上であるとか，まんなかや下方というような具合にすみわけているが，タマキビ類の一種（次項のスムーズ・ペリウィンクルのこと）は，満潮時は海藻の上のほうの枝で生活しているか，潮が引くと海藻の下に隠れる．卵を海に放出することはなく，幼生が海のなかを漂流する期間もなく，一生のあらゆる段階を海藻のあいだで過ごし，時間的に大きく場所の変わることのないタマキビ類のニッチの例を示している．ただし，タマキビ類には卵を海に放出し，幼生がプランクトン生活するものが多く，日本沿岸で優占するものの多くはそのタイプである（日本沿岸には，おもにタマキビやアラレタマキビなどが生息する．表面がざらざらしたビーズのような丸い殻を持つ巻貝：図3-1）．

　同様にフジツボやイガイ，スナホリガニ（スナホリガニ科のmole crabとよばれる*Emerita talpoida*のことで，いわゆるスナホリガニとは別種．最小のカニの仲間で，長く曲がった羽毛のような触角を使って水中の微生物をつかまえる波間の漁師）など，海辺の多くの無脊椎動物は，その幼生の期間に外洋を潮流に乗って長い旅をする．生きのびた者は，生まれた浜辺からはるかに離れた海岸にたどりつく．このように海辺の多くの無脊椎動物では，生活環（ある生

図3-1 三番瀬（千葉県）のコンクリート護岸（左）に密生するタマキビ *Littorina brevicula*（右）．三番瀬は，東京湾の一番奥に残った約1800 ha の干潟を含めた浅い海のことを指している．かつては，江戸川の前面に広がる広大な前浜干潟の一部であった．漁場の呼び名の1つであり，人びとの暮らしと深く結びついてきた「里海（人手が加わることにより，生産性と生物多様性が高くなった沿岸海域）」（柳，2006）であった．（2009年4月26日撮影）

物種の生まれてから死ぬまでの生活）のなかでニッチ空間が大きく変わることが知られている（関口，2009）．

　大洋に開けた「砂浜」の動物は，驚くほどのすばやさを身につけ，たえず穴を掘って砂に潜ることのできるものだけが，荒い波と流れ動く砂のなかで波の運んでくる十分な食料（水中の微生物）を得ることができる．そのような条件を備えた生物の1つがスナホリガニである．スナホリガニは，波の避けるところで餌をとらなければならないために，濡れた砂の上で餌をとる鳥や，潮に乗ってやってくる魚，波のあいだから狙ってくるワタリガニなど，海と陸の両方からやってくる危険にさらされている．したがって，スナホリガニは，海岸の生態系のなかでは，水中の微生物と，大きな肉食の動物とのあいだを取り次ぐ重要な位置を占めていると，食物連鎖（「つながり」）のなかでのスナホリガニのニッチについて述べられている．

　また，「サンゴ礁」の潮間帯を象徴する動物は巻貝であるが，そのなかでもホソヘビガイ（ムカデガイ科の *Petaloconchus* のこと．「ゴカイのような」巻貝とよばれ，日本沿岸では，同じムカデガイ科のオオヘビガイがよく知られる）は，その性質，形態，習性が近縁の軟体動物とはかなりかけ離れていることから，彼らが空いているニッチにすばやく適応している．その殻には普通の腹足類に見られるような，巻貝の螺旋状の隆起部である渦巻き塔や円錐状のものはなく，ゴカイ類がつくる石灰質の管によく似たかたちの，ゆるくほどけたよう

な管があるだけである．サンゴ礁が台地のように平坦になっているあたりでは，1日に2回，潮の満ち引きがあり，潮が満ちるたびに沖から新しい餌が運ばれてくる．このような豊かな餌を手に入れる最良の方法として，ホソヘビガイは，動き回るという典型的な巻貝の習性を捨て去り，環境に適応して定着するようになったと考えられる．

　一方，ニッチに対してハビタット（生息場所 habitat）とは，ある生物種がそこで生活する広い場所のことであり，陸上では熱帯林など多くの異なる生物種を支えているとともに，それら生物種の多くのニッチを含む場所である．海辺そのものもハビタットとよべるが，さらに岩礁海岸，砂浜，サンゴ礁なども「海辺のハビタット」とよんでよいだろう．

　カーソンは「岩礁海岸」で，ヒトデの幼生やウニ，クモヒトデ，管のなかで生活するトビムシ類，ウミウシ類，その他の小さくデリケートな生きものたちの安全な場所として，潮間帯の海藻のジャングルであるツノマタ（前述）をあげている．ツノマタのジャングルでは，1つの生物がほかの生物の上に，1つの生活がほかの生活の上や下，はたまたその生活とともにある．それは，ツノマタは丈が低く，枝が多く，複雑に入り組んでいるので，そこにすむ生物にとっては，たたきつける波へのクッションになっているからなのである．ツノマタはかなりびっしりと生えているので，種の数からいっても個体数からいっても，おびただしい数の生命がそこにはある．カーソンは，ツノマタが，およそ100万ものコケムシ（外肛動物の仲間で，低木のような奇妙なかたちをしており，ゼラチン状のとても丈夫な枝に何千というポリプをつけ，その先端から触手を出して餌をとる．サンゴに似た炭酸カルシウムなどの外壁からなるコロニーをつくる）に生活空間を提供していること，タマキビ類の生息場所やヒトデの母親にとっては子どもたち（幼体）が小さなヒトデになるまで保護するための育児室になっていること，イチョウガニ（Jonah crab とよばれる *Cancer borealis* のこと）の身の安全を確保していること，一年を通して，イガイはここで成長すること，ゴカイ類，甲殻類，棘皮動物，軟体動物などさまざまな底生動物に生活場所を提供していること，また，イソガワラ（褐藻類）も，微小動物の社会（甲殻類，ウミボタル，ゴカイ類，ヒモムシ類）に隠れ家を提供することについて述べている．

　さらには，これら海藻（地球上でもっとも古い植物で，海水にも淡水にも生

えている）だけでなく，サンゴ礁の浅瀬の砂浜に密生するタートル・グラス（アマモ類）などの海草（高等植物といわれる種子植物，6億年ほど前に地上に現れたもので，現在，海で生活しているものの祖先は，陸地から海へ帰っていったものである）も多くの動物にとって，隠れ家ともなり安全地帯にもなる海中の島にたとえている．このように海藻や海草にはこれら無数の生物のニッチが含まれており，ツノマタやタートル・グラスなど自体を「海辺の小さなハビタット」とよぶことができるであろう．

　ところで，「穏やかな海では，外海に面した海岸のように強い波を受けることもなく海藻が海岸を支配している」とカーソンは述べているが，国内の海岸にもホンダワラ類（ヒバマタ目ホンダワラ科）やコンブ類（コンブ目コンブ科）に属する大型の海藻類（ともに褐藻類）からなる藻場が形成される（中山，2009）．ツノマタやヒバマタも大型の海藻類の仲間であり，これら藻類が密生する藻場は，海のなかで林のように見えることから，「海のなかの森林（海中林）」とよばれている．藻場の分布は沿岸域（浅海域）に限られ，海洋全体の面積に比べるとごく狭い範囲にすぎないにもかかわらず，地球上でもっとも高い生産性を有し（Whittaker, 1975），沿岸域の生物生産を支える重要な生態系である．さらに藻場は，多様な魚介類の幼稚仔や小型の無脊椎動物の生育場所として重要であるとともに，栄養塩の吸収による浄化機能もあるといわれている．

　また，おもに枝に浮き袋の働きをする多数の気胞をもつホンダワラ類は，藻体の多くが数mにまで成長した春から夏（繁殖期前後）にかけて，沿岸から波などにより引き剥がされた後，その多くは海面を漂流し，流れ藻となり，しばしば潮目に集まり，団塊を形成する．海面を漂う流れ藻葉上には，小型甲殻類のワレカラ類[*]やヨコエビ類をはじめとする無脊椎動物が多数生息し，また，サンマ，サヨリやトビウオなどの産卵床であるだけでなく，ブリなどの幼稚魚

---

[*]海藻などに付着して生活している数mmから数cmの小さなエビの仲間（端脚目）で，流れ藻葉上動物のうちでも，個体数で卓越し，早い時期から同定が可能となっていたこともあって，よく調べられている．流れ藻生物群集の最優占種は，極域から熱帯域近くまで分布するマルエラワレカラ（世界汎在種）で，この種は流れ藻上でも繁殖していると考えられている．ワレカラ類の調査結果などから，流れ藻生物群集は，いろいろな起源の種，つまり，沿岸域のもともとの海藻葉上由来のものや，外海の水塊中から加入したものなどの混在によって形成されていることが知られている（青木，2004）．

の一時的な生育場所としても利用される．日本近海だけでも，流れ藻に随伴する 100 種以上のいろいろな魚類の餌場や隠れ家になっている（小松ほか，2009）．このように沖合を漂流する流れ藻には，さまざまな生物のニッチが含まれていることから，流れ藻もまた「洋上に漂う小さなハビタット」とよんでよいだろう．

(3) 生態と進化——海から陸へ

カーソンは，「岩礁海岸」で，「最初にすみついた生物を誰も記録しておらず，またその生態の変遷をたどっていなかったとしても，岩を占領した先駆者についてある程度の予測をすることができる」として，「海岸に侵入してきた海は，幼生とさまざまな種類の若い海岸動物を運んできたうちで，潮の干満がもたらす，新鮮なプランクトンを餌にできたフジツボやイガイのような軟体動物でなければなるまい」と述べている．

このうちフジツボの形態と生態について，破砕帯の二重の危険（洗い流されることと，潰されること）はほとんど問題にならないこと，ほかのどのような生物も生きのびられないところにすむことができる 2 つの利点を持っていることを示している．すなわち，低い円錐体という形態が波の力をそらせること，その円錐体の底面全体が，なみなみならぬ強度の天然のセメントで岩に固着していること，さらに無数の幼生を海水中に放出して，幼生の時期にその幼生がほかのフジツボに混じって，岩場に足がかりを得ることができることを述べている．このようなフジツボの持つ形態と生態によってのみ，過酷な場所に生息することを可能にしている．魚に襲われたり，ゴカイや巻貝の略奪にあったり，またそのほかの自然界の原因で，空家となったフジツボの殻は，海岸の多くの小さな生きもの（イソギンチャクやゴカイ類，フジツボの 2 世まで）にとって格好の隠れ家となる．さらにフジツボは，タマキビ類よりは高い場所である高潮帯を占めているが，タマキビ類の子どもは，ほとんどそのフジツボの傍らで生活している．

タマキビ類が，石段のくぼみや割れ目のなかに群がっている場所には，2 週間に一度の大潮のときにしか海水はやってこない．海水のこないあいだは，砕け散る波のしぶきで石段のすき間はいつも湿っていて，つるつると滑りやすい膜をはりつけている微小な植物が，タマキビ類の餌になる．タマキビ類の一種，

ホッキョクタマキビは,「海に子供を送りこむことはなく胎生で,卵は一つ一つ卵囊に包まれ,発生段階は母親と共に過ごすのである.(中略)小さな貝はたやすく海に流されてしまうので,岩の割れ目や空になったフジツボの殻に,かなりの数の貝がひそんでいるのをしばしば見かける」とカーソンはいう.そして,タマキビ類は,進化の現在の段階を確実なものにし,陸に向かって動いていること,つまり,ニューイングランドの海岸で見られる3種のタマキビの形態と生態から,海の生物が陸地の居住者に変わっていく,海から陸への明らかな進化の段階を示している.

まず,スムーズ・ペリウィンクル(flat periwinkle,コガネタマキビのこと)は,まだ海底にいて,大気中に身をさらすことは,ごく短時間しか耐えられない.潮が引いて水面が低くなる低潮帯では,湿った海草のなかに隠れてしまう.つぎにヨーロッパタマキビ(common periwinkle)は,高潮のときにのみ水没するところにすんでいることが多いのだが,海のなかに卵を隠すので,陸上の準備はまだできていない.最後にイワタマキビ(rough periwinkle, *Littorina saxatilis* のこと)は,海に縛りつける多くの鎖を断ち切って,いまやほぼ陸上動物になっている.胎生になったことによって,生殖のための海から独立して,一歩前進したのである.2週間ごとに彼らのすむ岩を訪れる大潮になって,海面が自分たちを覆ってしまっても生活できる.低潮帯にすむ近縁のタマキビ類と違って,鰓を持っているからである.鰓には多くの血管が通い,空気中から酸素を取り入れる肺のような機能を果たしている.

このように3種のタマキビは,スムーズ・ペリウィンクル,ヨーロッパタマキビ,イワタマキビの順に海から陸へのそれぞれ進化の段階にあるといえよう.また,このことから,それぞれの生態の型が,海から陸への進化過程の段階と密接に結びついていることがわかる.つまり,それぞれのタマキビの生態型の変化を伴った海から陸への適応放散(新しい環境に適応して広がること)を示す例であり,「適応放散による種分化(よく知られる例として,たとえばニッチの空いている海洋島や新しく形成された湖などに侵入した生物集団が,さまざまなニッチに急速に適応し,新しい種に分化していくときに見られる)」が起こり,それがさらには生物多様性をもたらしているといえよう.

また,カーソンは,「砂浜」で,「スナガニの短い一生は,生物が海から陸へと上がっていった進化のドラマの縮図である」と述べている.スナガニの幼生

は，卵から孵ると，プランクトンになって海の生活を始め，海のなかを漂うあいだに数回の脱皮をおこなって，そのたびにかたちを少しずつ変えて大きくなり，そして，メガローパとよばれる幼生の最終段階に達する．幼生は本能に導かれて海岸へ向かい，上陸を果たさなければならない運命にうまく対処する方法を，長い進化の過程で身につけている．形態を見ると，外皮が堅牢で体は丸く，脚はきちんと並んでたたまれて，体にぴったりはまりこむようになっている．海岸にたどりつくという危険な場面でも，幼生の体はこの構造によって，波にもまれ砂にこすられても保護されるのである．このような形態が進化の過程で有利に働いたことがわかる．

　魚類から両生類，爬虫類，鳥類や哺乳類など海から陸への動物の大進化は，何億年もの過去に起こった出来事であり，いま再び，その過程を目撃することはできない．それに比べて，「大地と海が存在するかぎり，つねに海辺は陸と水との出会いの場所であり，いまでもそこでは，絶えず生命が創造され，また容赦なく奪い去られている．そして，海辺は，生命が出現以来今日に至るまで，進化の力が変わることなく作用しているところである」とカーソンが述べているように，まさに海辺では，一部の貝類やカニ類の仲間などの無脊椎動物をよく観察すると，それが海から陸への進化の過程，つまり陸への適応の過程にある生物であることが目撃される．

　彼女は，海辺を舞台に選んだ理由について，このように語っている．「海辺を選んだのは，第一にそこは誰でもが行ける場所であって，私が書いたことを鵜呑みにする必要がない．興味を持った人は，直接それらを見ることができる．次に海辺は陸地と海との特徴をあわせ持つ場所である．潮のリズムに従いあるときは陸に，あるときは海になる．そのため海辺は生物に対して，できる限りの適応性を要求する．海の動物たちは，海辺に順応することによって長足の進歩をとげ，ついに陸に棲むことが可能になったのである．したがって，海辺は，進化の劇的な過程を実際に観察できるところなのである」と．すなわち，海辺は生命の出現以来今日にいたるまで，「進化の力」が変わることなく作用しているところであり，そして，この進化が生物多様性の原動力になっているといえるのである．

(4) 相互作用——生物の共存

3つの相互作用

そもそも生態学の焦点は,「生物と環境（そこにすむほかの生物も含む）のあいだの相互作用」である．また，ジグソーパズルのピースである生物個体は，それぞれの「個性」とともに「つながり」を持つことで生存している．その「つながり」は，相互に依存する関係など，生物間でさまざまな相互作用をおよぼし合うことでかたちづくられる生物間ネットワークであると考えられる（大串ほか，2009b）．一般に，生物間の相互作用は，生態学のあらゆるレベル，すなわち，相互作用をおこなう生物個体，生物個体群，その生物個体群が集まって生活する生物群集，およびそれら全体が含まれる生態系，において影響をおよぼす．生態系はおそらく自然界における最大かつもっとも複雑なネットワークの1つであろう．地球上では，3000万種とも推定される生物種が多くの異なるやり方で相互作用をしている．

本項では，まず，生物間の相互作用を，その相互作用にかかわるそれぞれの生物種（個体や個体群）にとって利益になるか（＋），害になるか（－）によって分類する．その際，もっとも一般的で重要なつぎの3つの生態学的相互作用に焦点を絞る（Cain *et al.*, 2004）．

＋／＋相互作用——両方の種が利益を得る（相利共生）．
＋／－相互作用——1つの種は利益を得るが，ほかは害を受ける（消費者-犠牲者相互作用）．
－／－相互作用——両方の種が害を受ける（競争）．

生物間のこのような3つの型の相互作用は，どこに生物がすむか，どれだけ豊富に存在するか，また生物多様性を決定する鍵となる．

相利共生

相利共生は，2つの生物種間の相互作用のうち両方の種が利益を受ける関係（＋／＋関係）であり，双方の適応度（次世代に残る子孫の数，生存率×繁殖率）がともに増加するような異種の2個体間の積極的な相互関係である．多く

の生物がほかの種から利益を受け取り，ほかの種に利益を与える．相利共生関係にある1組の種が受け取る利益は，その両種の生存率や繁殖率を増加させる．相利共生は2つまたはそれ以上の異なる種が一緒に生活している場合に見られるもので，この関係は共生として知られている．

　このような共生は非常に一般的なものであり，森林，砂漠，草原，およびその他のバイオーム（植生などのタイプ）に優占種として存在しているほとんどの植物種は，共生生物である．たとえば，植物の約80％の種は菌類と共生の関係にあり，これは菌根とよばれている．菌類は植物の根が土壌から栄養分や水を吸収するのを助け，植物は菌類に光合成産物を提供する．また，ミツバチのような動物が花粉（植物のオスの生殖細胞）を同種の別個体の雌蕊（植物のメスの生殖器官）へと運ぶ．これらの動物は送粉者（花粉媒介者）として知られており，彼らがいなければ植物は繁殖できない（送粉者共生）．よって，多くの動物種は植物と送粉者共生の関係を結んでいる（井上・湯本，1992）．

　このような共生にみられる生物間の相互作用により，生物多様性が生まれる．とりわけ熱帯林では，それらの多様性や個体群を維持するうえで，共生関係が非常に重要な関係であり，むしろ普遍的な関係であることが知られている．動物が関係する相利共生の代表的な例としては，造礁サンゴ（サンゴ礁を形成するサンゴ）がよく知られている．サンゴ礁はサンゴ（イソギンチャクと同じ刺胞動物門花虫綱に属するポリプの構造を持つ無脊椎動物）の群体とサンゴのつくった石灰（炭酸カルシウム）質ですきまの多い骨格でできている．サンゴのポリプ（イソギンチャクのように固着して触手を広げるもの）は，夜間，小さな触手を使って，プランクトンや小さなエビ・カニ，ゴカイなどを食べているが，その栄養分だけでは数百トンにもなる巨大な群体をつくることはできない．そこで，サンゴの大部分は，そのポリプの表層細胞の内部に光合成をおこなう藻類（植物プランクトン）の一種，褐虫藻（ゾーキサンテラ，相利共生の相手）をすまわせている（1 cm^{2}あたり100万-200万の褐虫藻がいる）．褐虫藻は，赤潮を引き起こす渦鞭毛藻の仲間で，サンゴと共生するばかりではなく，海中で自由（プランクトン）生活をすることもできる．サンゴは，褐虫藻にすみかと排出した二酸化炭素や老廃物に含まれるいくつかの必須栄養素（たとえばリン）を供給しており，褐虫藻はそれらを取り入れて，光合成により生産した有機物をサンゴに供給している（図3-2）．褐虫藻がつくる有機物には，グ

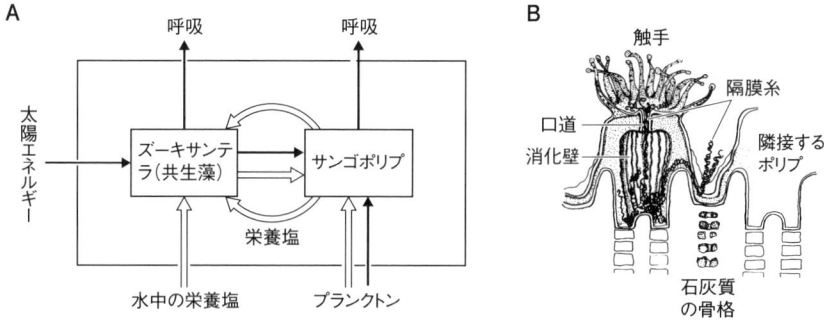

図3-2 サンゴ生態系（A）とサンゴのポリプの体構造（B）．A：ポリプの排出物中のリンや窒素は，栄養塩として直接的に体内の共生藻に利用されている．一度この系に取り入れられた物質は，ズーキサンテラ（体内の共生藻——生産者）とポリプ（動物——消費者）のあいだをリサイクルして系の外へは出ていかない．→：エネルギー流，⇨：物質の動き（三島，1992 より）．B：ポリプは基本的に石灰質骨格に保護された収縮性の袋構造である．口のまわりには6の倍数の触手があり，触手には刺胞がある．消化腔壁の細胞内には褐虫藻が共生している．ポリプは石灰質の外骨格を分泌しながら，上方へ成長する（Lalli and Parsons, 1996 より）．

リセリン，ブドウ糖，アミノ酸が含まれていて，サンゴのポリプが生きていくためのエネルギー源として役立つばかりでなく，サンゴが水中から二酸化炭素を取り入れて，石灰質の骨格を成長させるためにも使われている．生態系では普通，生産者である植物と消費者である動物とが別々に存在しているが，このようにサンゴ礁の生態系では，サンゴは生産者でも消費者でもあり，いくつもの生態的役割を同時に受け持っている．

　相利共生は，生物の分布と豊富さに2つの方法で影響を与える．第1に，相利共生においては，それぞれの種は，その相手が存在する場合にはよりよく生存し，より多く繁殖する．よって，相利共生関係にある種は，たがいに相手の分布と豊富さに強く影響する．第2に，相利共生は，その共生関係に含まれていない種の分布と豊富さに対しても，間接的な効果をおよぼす．たとえば，サンゴ礁は多くの動・植物種のすみかである．サンゴ礁をつくるサンゴは，藻類との共生に依存しており，サンゴ礁のなかにすむ多くのほかの種類も，その共生に間接的に依存している．したがって，相利共生は，その共生の当事者の種だけでなく，その共生の種に直接あるいは間接に依存しているほかの種の分布と豊富さにも影響する．

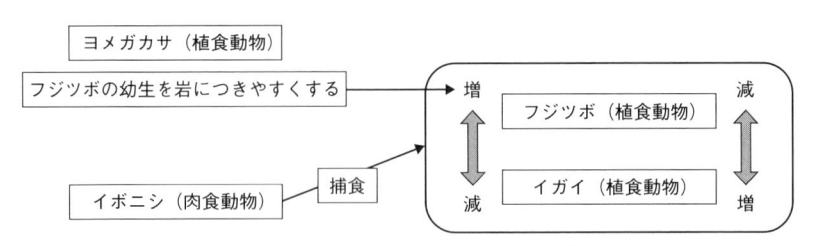

図3-3 イボニシ（捕食者）と犠牲者であるフジツボとイガイの相互作用．（原図：勝山久美子より改変）

消費者──犠牲者相互作用

一方の種（消費者）が恩恵に浴し，他方（犠牲者）が傷つく関係（＋／－の関係）である．そのような関係の消費者は4つの型に分類できる（Cain et al., 2004）．

1. 捕食者（肉食者ともいう）はその犠牲者（餌）を殺す．
2. 寄生者はその犠牲者（宿主とよぶ）を食べ，犠牲者の内部あるいは外部で生活する消費者である．
3. 病原体は病気を引き起こす生物である．
4. 植食者は植物を食べる消費者である．

この4つの型の＋／－相互関係は，たがいに非常に異なっている．たとえば，肉食動物（オオカミ）はその餌となる動物をただちに殺してしまうが，植食動物（ウシ）あるいは寄生者（ノミ）はそうしない．

カーソンは「岩礁海岸」において，1の例で3.2(2)に示したように，イボニシとフジツボ，イガイとの種間の消費者−犠牲者相互作用（図3-3）について観察をおこなっている．フジツボのおもな敵（捕食者）は，肉食動物のイボニシであり，フジツボが好物である．激しい波がどんなに追いやっても，イボニシは広い海岸のいたるところに現れて，フジツボやイガイのいる場所に這い上がっていく．ある地域では，たくさんいたフジツボをイボニシが徹底的に食べ尽くしたので，代わりにイガイがその空いたニッチを占めるようになった．フジツボをそれ以上見つけられなくなったイボニシは，イガイに手をのばしていった．やがて，かなりの数のイガイを食べてしまったので，イガイの集団は

徐々に縮まってきた．すると，再び岩の上にフジツボが新たにすみつき，そしてついにイボニシは，またフジツボのところに戻ってきたのであった．

　この例は，消費者（捕食者）であるイボニシが原因となって，いかにフジツボとイガイの2種の犠牲者の分布と豊富さを制限するかを示している．そして，時間的な消費者－犠牲者相互作用の結果，これら3種の共存を可能にしているといえる．なお，指の爪ほどの大きさの単純な平たい円錐形のヨメガカサ（もっとも古い原始的な巻貝の一種）は，滑りやすい膜で岩を覆っている小さな海藻を常食にしていて，岩をきれいになめ尽くしてしまうことで，フジツボの幼生を岩につきやすくさせ，彼らに協力している．

競争

　競争は，相互作用する2つの種がたがいに他に対して負の影響を与える（－／－相互作用）．競争は2つの種が少ない食物や空間などの重要な資源をともに必要とする場合に，もっとも起こりやすい．2つの種が競争する場合，それぞれがたがいに負の効果を持つ理由は，それぞれがその競争相手が使うはずの餌などの資源を使ってしまうからである．競争には2つの主要な型がある（Cain *et al*., 2004）．

1. 干渉型競争——ある生物種が，別の種が資源を利用するのを直接的に排除するもので，たとえば，2種の鳥が木に開いている穴を巣穴として奪い合うような場合がこれにあたる．
2. 消費型競争——2つの生物種が共通の資源を求めて間接的に競争し，それぞれは自分がそれを利用することで，結果的に相手側が利用できる資源の量を減らす場合で，たとえば，2種類の植物が土中の窒素のような供給量の少ない資源をともに利用するような競争である．

　このように生物種間の競争は一般的なもので，しばしば自然の集団に大きな効果をもたらす．カーソンは，「ニューイングランド州の海岸では，高潮帯で目立つ生物のほとんどはフジツボで，騒がしい波打ち際を除けば，どんなところにでもすんでいる」と記述しているが，フジツボには，岩礁や岸壁などでも普通に見られるシロスジフジツボとイワフジツボの2種がよく知られており，

これら2種の競争関係が調べられている（Cain *et al.,* 2004）.

　スコットランドの岩礁海岸の潮間帯に沿って，シロスジフジツボとイワフジツボの2種のフジツボの幼生は，いずれも海岸の高い場所にも低い場所にも着生する．しかし，シロスジフジツボの成体は海水で頻繁に覆われる低い場所の岩の上にのみ現れ，イワフジツボの成体はより頻繁に空気にさらされる海岸の高い場所にのみ存在する．理論的には，シロスジフジツボとイワフジツボの分布は競争により決まる，環境条件の違いにより決まる，という2つの仮説を立てた．しかし，ある野外実験によって，生態学者はもしシロスジフジツボが除去されさえすれば，イワフジツボも海岸の低い場所で生活できることを発見した（検証）．つまりイワフジツボは，シロスジフジツボとの競争の結果，海岸の低い岩にすめなくなっている．一方，シロスジフジツボの分布は主として物理的要因に依存している．つまり，海岸の高い位置の岩では熱と乾燥が激しいので，シロスジフジツボは生存できないのである．

　このフジツボの例のように，競争が2種の分布と豊富さを制限している．そして，競争の結果，潮間帯における2種の共存を可能にしているといえる．しかしながら，一般的に複数の種が共有する資源が容易に入手可能な場合には，競争はめったに起こらない．たとえば，莫大な量の葉を餌として利用できる植食性昆虫の種間では，競争は起こらないのである．

正の相互作用

　フジツボ2種の競争関係の例のように，岩礁潮間帯は野外実験による生物を用いた「仮説検証型」群集生態学の発祥地であることが知られている．つまり「群集構造決定における種間の相互作用（この場合は，競争）の役割について仮説を立て，その仮説を野外実験によって検証する」という群集生態学の主流となった研究アプローチは，岩礁潮間帯から生まれたものである．従来，生態学では，前述の「消費者-犠牲者相互作用（＋／－相互作用）」や「競争（－／－相互作用）」などの「負の相互作用」が注目されてきた．しかし，北米の塩性湿地の植物群落で，すみ場所の物理的な「環境の緩和」による「正の相互作用」が生物群集構造の決定にしばしば重要となることが見出されたことから，Bertness（1999）は，「正の相互作用の重要性は，とくに環境ストレスや消費が厳しい条件で大きくなる」という仮説を立て，環境ストレスや消費が厳し

い岩礁海岸で，岩表面が乾燥することを防ぐ作用が強い大型褐藻 *Ascophyllum* が優占する群集で野外実験を試みた結果，予測どおり大型褐藻はさまざまな生物に正の影響をおよぼしていることが判明した．カーソンは，それよりずっと以前に『海辺』のなかで，底生の無脊椎動物の詳細な観察を通して，「岩礁海岸」の潮間帯の大型褐藻のツノマタ類が，生きものたちの安全な場所になっているのは，「ツノマタは丈が低く，枝が多く，複雑に入り組んでいるので，そこにすむ生物にとっては，たたきつける波へのクッションになっているからなのである」と海藻がすむ場所の物理的な「環境の緩和」の役割を果たしていることに気づいて，海藻や海草のさまざまな無脊椎動物への正の影響について述べている（→第3章3.2(2)）．つまり，「環境の緩和」により海藻や海草の生物群集構造に影響を与え，さまざまな生物に「正の相互作用」による共存を可能にしていることが示されている．

　以上のように，3つの相互作用や「正の相互作用」により，さまざまな生物の共存を可能にし，環境に調和した安定した生物群集が形成される．「正の相互作用」には，ほかにも種分化や共進化にかかわる生物間の相互作用が考えられる．生物の持つ途方もない多様性の原因は，1つの種が，2つ以上のたがいに生殖隔離された種（生物学的種概念*）に分かれる，種分化という過程に求められる．たとえば，アトリ科（スズメ目の一系統）の鳥，フィンチ（すなわち，ダーウィンフィンチ）は，ガラパゴスの島々に渡ってきた後，それぞれの島で植物との相互作用（鳥の植物への適応）によって独自に進化を重ねて，やがてさまざまな種に分化したと考えられている．つまり，14種類に分類されたガラパゴスのフィンチたちは，大きさやかたちが少しずつ異なるクチバシを持ち，それぞれ異なる餌を食べていた．たとえば，木の実（大きいもの，あるいは小さいもの）を食べる鳥，昆虫を食べる鳥，サボテンを食べる鳥がいて，木の枝をじょうずに使って穴から虫をほじくり出す鳥もいて，このようなさま

---

*1960年代から今日にいたるまで，20を超す種概念が，さまざまな観点から提唱されたが，今日もっとも一般的に知られるドイツの生物学者エルンスト・マイヤー（Ernst Mayr, 1904-2005）の生物学的種概念は，「種とは，相互に交配可能な個体からなる自然個体群の集まりであって，ほかのそのような集まりから生殖的に隔離されたもの」である．つまり，ほとんどの場合，種が異なると相互の生殖（オスとメスとの交配）は不可能であり，種のあいだに生殖を妨げる障壁が存在する場合，遺伝子流動（ある集団間での対立遺伝子の交換）がなく，それらの種はたがいに生殖隔離されているという．

ざまに異なる食性に適応した種に分化していたのである（適応放散→Box-4）．

一方，南北アメリカ大陸のみに生息する世界一小さな鳥であるハチドリ（体長 5-15 cm，体重 2-20 g）は，種類が多く，色やかたちはさまざまで，現在 112 属 320 種が確認されており，特定の植物と密接な関係を持っている．つまり，上述のミツバチのように植物と送粉者相利共生の関係を結んでいる．ハチドリは，花の蜜を主食としており，ホバリングで空中を静止しながら，花のなかに嘴を差し込み，蜜を吸うという独特の採餌行動をする．なかには，特定の花の蜜しか吸わないハチドリの種があり，花のかたちに合わせて，嘴が湾曲していたりする．たとえば，ヤリハシハチドリの嘴は，体長からすると非常に長く，全長 10 cm を超えることもある．このような長い嘴でないと，非常に長い花冠を持つトケイソウの一種 *Passiflora mixta* の蜜を吸うことができない．

これはつぎのように考えられる．まずハチドリの嘴が突然変異によりのび，蜜をより多く吸えるようになると，その遺伝子が集団中に広がっていく．一方，トケイソウには，ハチドリが嘴を花に差し込んだとき，頭部に確実に花粉がつくように，距（植物の花びらや萼の付け根にある突起部分．内部に蜜腺を持つ）をのばす進化が起きる．このように生物がたがいに影響し合って進化することを共進化という．特定の植物と鳥が 1 対 1 のペアを形成することにより，ヤリハシハチドリはほかのハチドリや昆虫との食料をめぐる競争を回避することができる．また，トケイソウもこのハチドリを介して効率よく同種のトケイソウに受粉することができる．すなわち，鳥と植物の相互作用による共進化の結果，多くのハチドリの共存が可能となり，生物多様性を豊かにしている．この場合の鳥と植物との相互作用により，さまざまなハチドリの共存を可能にしていることから，この相互作用も「正の相互作用」とよぶことができるであろう．

(5) 温暖化と生物多様性——サンゴ礁への影響

温暖化と海洋環境の変化

「気候変動に関する政府間パネル（IPCC）」の第四次報告書（2007）では，20世紀後半における全世界の平均気温の上昇が，二酸化炭素をはじめとする人為起源の温室効果ガスによるものである，とほぼ断定している．温暖化は，カを媒介としたウイルス感染症や高潮の危険地域増大などをもたらす懸念があり，

われわれの普段の生活とも密接に結びついており，早急な対策が必要である．現在までの温暖化で蓄積された熱の8割以上，人類が石油・石炭などの化石燃料を使って排出してきた二酸化炭素の約半分を海が吸収している．このような熱や二酸化炭素の吸収は，海の「かき混ざり具合」に大きく影響される．海洋の表面から50-500 mくらいの深さまでは，海上風によるかき混ぜの効果や，冬には海面が冷やされる効果で，海水の混合がさかんに起こっている．このような層は混合層とよばれる．この混合層が深くまで到達すればするほど，大気から隔離された海の深い場所まで熱や二酸化炭素が運ばれ，温暖化の速度はゆるやかになる．

　光がよく届く海の表層（有光層）では，植物プランクトンが光合成によって有機物をつくりだしており，海に溶け込んでいる二酸化炭素を消費している．また，その遺骸となった有機物は深海に沈んでいく．そのため海の表層では，溶け込んでいる二酸化炭素（正確には，無機溶存炭素）が深いところに比べ少なくなっている．この生物の働きは「生物ポンプ」とよばれ，大気中の二酸化炭素濃度を下げる効果を持つ．これらの「かき混ざり具合」や「生物ポンプ」の強さの見積りが，将来の温暖化予測にとっては重要である．ほかに物理的，化学的に大気から海水に二酸化炭素の溶け込む「溶解度ポンプ」と炭酸カルシウムが海洋表層と深層でそれぞれ析出，溶解する「アルカリ度ポンプ」の働きが知られている．また，北極・南極の海にある氷は太陽光を反射し地球を冷やす効果を持っており，この効果が今後どう変化するのかも，たいへん重要な問題である．

　温暖化が海洋環境に与える影響のうちで，厳密には温暖化の影響とはいえないが，それと密接に結びついた問題として，海洋の酸性化とよばれる現象が近年注目されている．炭酸ガスという別名が示すとおり，二酸化炭素は海水に溶けると酸性を示す．このため，人間活動が排出した二酸化炭素（およそ30%）を海が吸収することにより，もともとアルカリ性である海水が酸性側に傾き，アルカリ性の度合いが弱くなってきている．そしてこの海水の化学的性質の変化が，海の生物に悪影響を与えることが懸念されている（河宮，2009）．円石藻（植物プランクトン），翼足類（動物プランクトン）といった一部のプランクトンは，貝類と同じように炭酸カルシウムの殻を形成する．また，サンゴも炭酸カルシウムによって骨格をつくる．ところが，こうした殻や骨格は，

海水の性質があまり酸性側に寄ってしまうと溶け出してしまうのである．これらのプランクトン，とくに植物プランクトンである円石藻は海洋における食物連鎖の出発点にあり，海洋酸性化による影響がほかの生物にまでおよぶ可能性がある．現在のところ，海の表面付近で殻が溶け出すほどの酸性化は起こっていない．

しかし，国連生物多様性条約事務局のまとめた報告書では，「海洋の酸性化は，過去2000万年間の変動の100倍の速度で進んでおり，北極海では2030年ごろに，南極海では2050年ごろに，海の生態系や食物連鎖に影響が出る可能性がある」と警告している．つまり，シミュレーションモデルによる実験によって，早ければ今世紀半ばころには，南極海でプランクトンの殻が溶け出す程度に海水の性質が変わるという予測が出されている．南極海は，アルカリ性の弱い深海層から海水が湧き上がる流れが存在し，また冬の冷却によって対流が起こり，海水が深くまで混ざる効果が強いために，もともとアルカリ性が弱くなっている．このため，殻が溶け出すほどに海水の性質が変わってしまうのが早いのである．また，それほど酸性化が進まなくても，サンゴの骨格形成速度などさまざまな生物活動に影響があることがわかっている．植物プランクトンやサンゴ礁への影響を通じた水産業への影響などについても，今後研究を進める必要がある．これまでの世界中の調査・研究から，温暖化の生態系への影響がまっさきに現れており，これからについても危惧されているサンゴ礁への影響についてつぎに述べる．

サンゴ礁への影響

カーソンが，「サンゴ礁海岸」で「フロリダ・サンゴ礁を端から端まで歩いた人は誰でも，空と海と，マングローブに覆われた島々が点在する独特なたたずまいに感動する」と述べているように，熱帯沿岸生態系は，マングローブ生態系，海草生態系（「サンゴ礁海岸」では，タートル・グラスなどの海草），サンゴ礁生態系などが複雑なモザイク状の景観を示している．マングローブ生態系や海草生態系が陸域から流入する土壌粒子を受け止め，サンゴ礁と陸域とのあいだの緩衝地帯としての役割を果たしている（土屋，2008）．熱帯・亜熱帯水域の約 617×1000 km^2 に広がるサンゴ礁は，「海の熱帯雨林」といわれるほど生物多様性の豊かな環境である．その面積は全海洋の 0.17% にすぎないが，

そこには海産魚全体の約3分の1の生物種がすんでいる．

しかし，近年，世界のサンゴ礁は，地球規模の環境変動（すなわち，温暖化）や地域的な自然・人為的攪乱により著しく疲弊し，減少している（大森，2009）．とりわけインド太平洋では，サンゴ礁の被度は，1997-2003年のあいだに年平均約2%ずつ失われた．ちなみに，2003年までの20年間の減少率は年平均約1%で，それでも地球全体の熱帯雨林の減少率（1997-2003年の年平均0.4%）より大きい．地球サンゴ礁モニタリングネットワークによると，世界のサンゴ礁の19%がすでに失われ，15%が今後10-20年のうちに失われるほど危険な状態に陥っている．サンゴ（サンゴ礁を形成する造礁サンゴ）704種のうち，231種（32.8%）の絶滅が危惧されるとの報告さえある．世界有数のサンゴ礁が分布している南西諸島においても状況は同じであり，とくに人口が集中している沖縄本島や石垣島周辺のサンゴ礁は衰退傾向が著しい．

サンゴ礁の減少をもたらす原因には，ハリケーンや津波のような自然現象と埋立や汚染のような人間活動によるものがあるが，サンゴの白化現象や病気の蔓延も，人間活動が原因の温暖化に関連している．サンゴ礁が破壊されると，骨格（炭酸カルシウム）に使われる海水中に溶けた二酸化炭素が固定されなくなり，温暖化に拍車をかけることになると懸念されている．まず，サンゴ礁の地球規模における減少の原因には，白化現象がよく知られている．白化現象とは，サンゴに共生する褐虫藻が，サンゴの体内から失われる現象である．サンゴは褐虫藻が光合成で生産する物質の約90%を受け取って，約半分を呼吸や成長に使い，残りを粘液として体外に放出している．そしてその見返りに，安全なすみ場と光合成のための栄養を褐虫藻に与えている．褐虫藻が失われるとサンゴはしばらく生きているが，その状態が長く続くと，栄養不足になったサンゴはやがて死んでしまう．しかしながら，そのあいだに環境が回復すれば褐虫藻を再び獲得して，サンゴは健全な状態に戻ることができる．

白化現象は，高温，低温，強い光，紫外線，低塩分などの強いストレス（環境の悪化）に起因するが，近年の白化現象のおもな要因は，温暖化に伴う海水温の上昇と考えられている．1997年から1998年にかけて，世界各地のサンゴ礁でサンゴが高水温のために白化した．もっとも被害の大きかったインド洋のモルジブやスリランカでは，95%近くのサンゴが白化し，パラオでも50-95%のサンゴが影響を受けた．1998年夏の沖縄阿嘉島では，表面海水温が7月か

ら平年値を超え，8月にはほぼ1カ月にわたって30℃を超えた．その結果，サンゴ群体の94％が白化し，25％が死んだ．白化現象は，エルニーニョの年と重なって，2001年，2003年，2007年にも見られている．

また，病気の蔓延では，原因不明のホワイトシンドローム（サンゴの組織が帯状に白く壊死する）や細菌性の病気である黒帯病や黄帯病などが，サンゴの密度の高い場所の大きなサンゴ群体に集中して発生し，グレートバリア・リーフやカリブ海のサンゴ礁に大きな脅威を与えている．これらの病気にかかると，サンゴは死んで骨格がむき出しになる．病気は海水温の上昇に影響を受けて広がることが示唆されており，温暖化によってさらに深刻さが増すと思われる．一方，地域における減少の原因には，自然の攪乱であるオニヒトデの大発生によるサンゴの食害や人為的攪乱である陸上からの赤土の流入，海水の富栄養化，過剰な漁獲による魚類資源の減少，沿岸の埋立による破壊，過度の観光利用などがあげられよう．

3.3 「自然の力」——海辺の生命観

カーソンは，「新しい海岸」で「最初の永住者は，プランクトンを濾過して食べるフジツボやイガイのような軟体動物でなければなるまい」と予測し，「岩礁海岸」で，低潮帯の岩に想像を絶する数の殻が集まったイガイの群れが現存していることについて，「まさにこの生命の営みの鎖を何百万回も数えきれないほど連綿とつなぎ，壊されずに生き残ってきたことの証拠だ．……そして，海岸のイガイは人間の生涯の長さを超え，現世の地質年代を超えても全体としてつねに同じくらいの数が生き残っていくだろう」と，圧倒的なまでの生命力を感じる．さらに「砂浜」で，イソギンチャクの幼生について「一匹のイソギンチャクが棲み家を見つけるためには何千という幼生の命が無駄になっていることを思いめぐらし，その膨大な数の生命の浪費に改めて心を動かされる」と述べ，「ただそれだけで，圧倒的なまでの生命力を感じさせる．その力は激しく盲目的で，無意識のうちに生き残るために突き進み，拡がっていく」という．

自然の変貌に対してカーソンが感じた普遍の「生命力」は，生物多様性を支える「自然の力（普遍的な真理）」である．そして，カーソンは，終章の「永

遠なる海」の最後に「無数のフジツボがついている岩は真っ白になっているが，小さな生命が波に洗われながら，そこに存在する必然性はどこにあるのだろうか？」と問いかけている．このことは，「生物たちはなぜそこにすんでいるのか」の問いへの答えとして，「生物たちがどこにすむかを決めているのは，歴史性（その種がどこで進化したか，大陸移動や地殻変動），適切な生息地の存在，そして分散である」といえる．その分散は，その種の生き残りをかけた手段である．カーソンが示したイガイ，イソギンチャクやフジツボの例のように，幼生期の分散，および適切な生息地の存在は，生物たちがどこにすむかに大きく影響する．

　その例として，国内の干潟（勾配がゆるやかで，月の引力による潮の干満に伴い，年間最大干出時に一日のうち数時間以上干出する砂泥質の地形を干潟という．大きな川の河口に発達する河口干潟と，海岸の地先に広がる前浜干潟とがある）で見られる代表的な巻貝であるウミニナ類について，和白干潟（福岡市）の観察記録から説明する．なお，生物多様性を把握するための「自然環境保全基礎調査（環境省，2007）」の一環として，浅海域（砂浜や干潟などの水深の比較的浅い場所）の全国157カ所の干潟を対象とした浅海域生態系調査（干潟調査）では，14動物門1667種の生物が確認され，とくに九州・沖縄など日本列島の西南部地域において多くの生物種が見られた．このような干潟は，潮の干満とともに呼吸し，酸素を生産し，カニ，ゴカイ，貝，魚などがたくさん生まれ，育つ「生命のゆりかご」であり，カーソンの「砂浜」に含まれると考えてよい．和白干潟にも干潟の代表的な生物である甲殻類（ヤマトオサガニ，チゴガニ，ハクセンシオマネキ，コメツキガニ，マメコブシガニ，アシハラガニ，クルマエビなど），ゴカイ類，貝類（アサリ，オオノガイ，ウミニナ類など）などの底生の無脊椎動物（ベントス，1 m^2 あたり1万-3万個体）を満ち潮とともに干潟に侵入したハゼやカレイなど多くの魚類が捕食する．さらに干潟には，これら底生動物（ベントス）や魚類などを餌にするカモ，カモメ，シギやチドリなどたくさんの水鳥がやってくる．これらシギ・チドリ類は干潟生態系のもっとも上位に位置することから，生態系の健全さを表す指標生物として認識されている．

　和白干潟（前浜干潟）は，博多湾の東部，和白海域（約300 ha）にある砂質干潟で，面積は約80 haあり，日本海側では最大規模の干潟である．周辺の

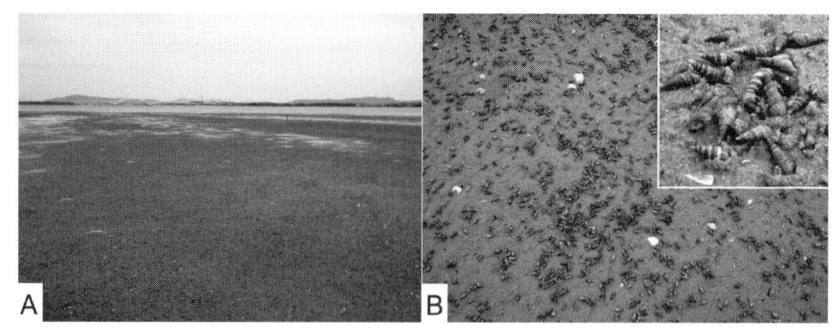

図3-4 和白干潟（福岡県）とウミニナ類．A：和白干潟，B：干潟を覆うウミニナ類など．(2009年5月15日撮影)

博多湾沿岸はほとんど人工の海岸になっているが，ここには砂浜，岩礁地帯，ヨシ原，クロマツ林へと続く貴重な自然海岸が残っている．2009年5月15日，引き潮（中潮）に和白干潟を訪れたときには，一面に足の踏み場もないほどたくさんの巻貝を目にすることができた（図3-4）．砂浜（干潟）をキャンパスに見立てたかのように，この巻貝の這った跡が無数の文様を描いている．そのほとんどが，ウミニナ類（ウミニナとホソウミニナ；図3-4）で，そのうちウミニナは，分散のためにイソギンチャクと同様に，その「生命力」によって幼生のとき，膨大な数のプランクトンとして海流に乗って，あちこちの浜辺に旅立つ．ところが，干潟が少なくなった東京湾などでは，新たなすみかを見つけられず，急速に数が減少しており，東京湾でウミニナは希少種になっている（市川市・東邦大学東京湾生態系研究センター，2007）．これに対して，同じ仲間の細長く頭がとがったホソウミニナは，これまで東京湾では三番瀬（図3-1）など奥部の干潟では見られなかったが，1990年初めまでいなかった谷津干潟に，いまでは足の踏み場がないほどいる．

　なぜ，いる干潟といない干潟があり，急に増えたりするのだろうか．その理由として，ホソウミニナは，卵から稚貝として生まれ，一生親と同じ干潟で暮らす．別の干潟に渡りすむ方法（いわゆる分散）は，稚貝のときに水の表面張力を利用して旅立つか，流木などの漂流物について流れていくしかない．また，オスとメスの両方がいなくては，たどり着いても繁殖できない．しかし，海流に乗ってオスとメスがたまたま何個体かたどり着けば，あとはホソウミニナの持つ「生命力」で急速に増え続ける．そして，その地域（干潟）に適応した特

徴を持ったグループ（地域個体群）ができあがる．「海流は，ただの水の流れではなく，無数の生物の卵や幼生を運ぶ生命の流れなのである」．「海流が一定の道筋を流れつづけるかぎり，もしかすると，いやおそらく確実に，かなりの特有な形態の生物が生息域を拡げて，新しいなわばりを占めるようになるだろう」．そして，「この壮大な移動に参加したもののほとんどに不成功が運命づけられていることは，生命の神秘の一つである．しかし，何百億という失敗の上に，ほんのわずかでも成功したものが現れたとき，まちがいなくすべての失敗は贖われ，成功に転じるのである」と，カーソンは「砂浜」の章を締めくくる．このように海辺の生命は，物理的環境に順応する強靱な力，すなわち，環境に調和した「生命力」を持つ．

　また，カーソンは「岩礁海岸」で，ほとんどの潮間帯の動物は，特定の場所にすみわけていると述べ，そして，フジツボの殻が，タマキビ類やイソギンチャク，ゴカイ類やフジツボ二世など小さな生きもののすみかになっていること，ヨメガカサがフジツボの幼生を岩につきやすくさせ，彼らに協力していること，タラなどの魚類が大型クラゲに保護されながら旅をしていること，イガイとスギノリ（紅藻類の一種）が低潮帯の多くで親密な共同生活をしていること，さらに潮だまりには，植物プランクトンの受け身型濾過器である植食者のイガイが，積極的な捕食者であるヒドロ虫類のためにすみかをつくっていること，など相利共生とはいえないまでも，種間の共存する関係を記述している．

　「サンゴ礁海岸」のマングローブの森に関して，「そこにいる動植物はすべてマングローブとの生物学的な絆によって結ばれているのだ」と述べている．つまり，相互作用というさまざまな関係で個々の生物は相互に「つながり」を持つことで共存している．これら「関係の総体」（川那部浩哉）が生物群集であり，非生物的環境も含めて生態系とよばれる．つまり，完成されたジグソーパズルは，相互作用-「つながり」-関係の総体（ネットワーク）によって自ずと完成された「共存の世界」そのものなのである．前節で示した3つの相互作用や正の相互作用などあらゆる生物間の相互作用は，共存に向かうためのステップであり，共存を可能にする相互作用のネットワークである．あらゆる相互作用は，カーソンのいう「自然の力」により，共存へと向かう．その力は可能的共存であり，「共存力」とよべるものである．なお，ここでいう共存とは，簡単には「折り合いをつけて仲良くする」といえる．相互作用という「こと（出来

事)」が起き，新たな共存する「もの（生物間の「つながり」）」を生み出す．また，カーソンは，「人類は自然の一部にあるにすぎず，あらゆる生物を統制する広大無辺の力の支配下にある」と述べているが，「共存力」はこの「広大無辺の力」といえるだろう．

　一方でカーソンは，「私は海辺に足を踏み入れるたびに，その美しさに感動する」，なかでも潮だまりについて，微妙な色合いの緑や黄土色，ヒドロ虫類の真珠のようなピンク色など，壊れやすい春の花園にたとえ，ツノマタの持つ青銅色の金属的なきらめき，サンゴ色の藻類のバラのような美しさが，潮だまりいっぱいにあふれていると述べている．これら「生命力」が放つ美も「自然の力」ととらえることができるだろう．さらにカーソンは，フジツボの脱皮を毎夏しばしば目にして，海岸からくみ上げてきた海水のなかに，「その脱皮殻である白い半透明の斑点が漂い，それはまるで小さな小さな妖精が脱ぎ捨てた薄い紗の衣のようである」と述べ，微小なゴカイ類を「海の妖精（sea nymph）」に，ウミグモ類をはかなさの化身（embodiment）に，そして，もっとも壊れやすそうな小さな石灰質のカイメンのレースの織物は妖精（fairy）の寸法に，スナホリガニを大地の精（ノーム gnome）のような顔＝不思議な砂のなかの妖精（穴居人 troglodytes）に，それぞれたとえている．

　このようにカーソンは，海辺の生命に「小さくはかないもの」を見つけ出すとともに，妖精や精霊などの人間を超えた存在を認識し，おそれ，驚嘆する感性を育み強めていくことのなかに，永続的で意義深いなにかがあると信じている．そして，「自然の力」には，それ自体の美しさと同時に，象徴的な美と神秘が隠されていることを指摘している（→第4章4.2(1)）．

4 『センス・オブ・ワンダー』に学ぶ
──自然とともに生きる

What is the value of preserving and strengthening this sense of awe and wonder, this recognition of something beyond the boundaries of human existence? Is the exploration of the natural world just a pleasant way to pass the golden hours of child-hood or is there something deeper? I am sure there is something much deeper, something lasting and significant. Those who dwell, as scientists or laymen, among the beauties and mysteries of the earth are never alone or weary of life. Whatever the vexations or concerns of their personal lives, their thoughts can find paths that lead to inner contentment and to renewed excitement in living. Those who contemplate the beauty of the earth find reserves of strength that will endure as long as life lasts. There is symbolic as well as actual beauty in the migration of the birds, the ebb and flow of the tides, the folded bud ready for the spring. There is something infinitely healing in the repeated refrains of nature──the assurance that dawn comes after night, and spring after the winter（Carson, 1998b）．

　人間を超えた存在を認識し，おそれ，驚嘆する感性をはぐくみ強めていくことには，どのような意義があるのでしょうか．自然界を探検することは，貴重な子ども時代をすごす愉快で楽しい方法のひとつにすぎないのでしょうか．それとも，もっと深いなにかがあるのでしょうか．わたしはそのなかに，永続的で意義深いなにかがあると信じています．地球の美しさと神秘を感じとれる人は，科学者であろうとなかろうと，人生に飽きて疲れたり，孤独にさいなまれることはけっしてないでしょう．たとえ生活のなかで苦しみや心配ごとにであったとしても，かならずや，内面的な満足感と，生きていることへの新たなよろこびへ通ずる小道を見つけだすことができると信じます．地球の美しさについて深く思いをめぐらせる人は，生命の終わりの瞬間まで，生き生きとした精神力をたもちつづけることができるでしょう．鳥の渡り，潮の満ち干，春を待つ固い蕾のなかには，それ自体の美しさと同時に，象徴的な美と神秘がかくさ

れています．自然がくりかえすリフレイン——夜の次に朝がきて，冬が去れば春になるという確かさ——のなかには，かぎりなくわたしたちをいやしてくれるなにかがあるのです（カーソン，1996）．

4.1 作品紹介

　このエッセイの原書は，メイン州の林や海辺，空などの四季折々の写真を収めた大判の体裁のものになっている．この作品は，1956年，『ウーマンズ・ホーム・コンパニオン』という雑誌に「あなたの子どもに目を見はらせよう」と題して掲載された．カーソンは，『沈黙の春』を書き終えたとき，自分に残された時間がそれほど長くないことを知り，最期の仕事として本書に手を加え始めたが，それを成し遂げることができなかった．カーソンの亡くなった翌年，友人たちによって彼女の夢を果たすべく，一冊の本として出版された．本書は，カーソンの姪の息子，ロジャーとカーソンが一緒に海辺や森のなかを探検し，星空や夜の海を眺めた経験をもとに書かれた作品である．また，子どもたちに自然をどのように感じとらせたらよいか悩む人びとへのおだやかで説得力のあるメッセージであり，環境教育のヒントを示してくれる．

　生まれつき備わっている子どもの「センス・オブ・ワンダー＝神秘さや不思議さに目を見はる感性」をいつも新鮮に保ち続けるためには，わたしたちが住んでいる世界のよろこび，感激，神秘などを子どもと一緒に再発見し，感動を分かち合ってくれる大人が，少なくともひとり，そばにいる必要がある．そして，「知ること（知識）」は，「感じること（感性）」の半分も重要ではないと，知識や知恵を生み出す土壌には，情緒豊かな感受性が存在し，その土壌を耕すための感性教育の重要性を述べている．

　カーソンは，このように「感じること」が重要であるといっている．しかし，知識をなおざりにしているのではなく，美しいものを美しいと感じる感覚，新しいものや未知なるものにふれたときの感激，思いやり，憐れみ，賛嘆や愛情などのさまざまなかたちの感情がひとたびよびさまされると，つぎはその対象となるものについてもっと知りたいと思うようになる．そのようにして見つけ出した知識は，しっかりと身につくものであることを示している．このような感性は，自然という力の源泉から遠ざかり，澄みきった洞察力や，美しいもの，

畏敬すべきものへの直感力をにぶらせ，あるいはまったく失ってしまった多くの大人たちの，つまらない人工的なものに夢中になることなどに対する，変わらぬ解毒剤になるのである．

　カーソンは，人間を超えた存在を認識し，おそれ，驚嘆する感性を育み強めていくことのなかに，永続的で意義深いなにかがあると信じる．鳥の渡り，潮の満ち干，春を待つ堅い蕾のなかには，それ自体の美しさと同時に，象徴的な美と神秘が隠されている．その自然がくりかえすリフレインのなかには，かぎりなくわたしたちをいやしてくれるなにかがある．そして，自然にふれるという終わりのないよろこびは，けっして科学者だけのものではなく，大地，海，空とそこにすむ驚きに満ちた生命の輝きのもとに身をおくすべての人が手に入れられるものなのである．

4.2　センス・オブ・ワンダー——生命への畏敬の念

(1) センス・オブ・ワンダーの世界

　カーソンは，メイン州サウスポートに，海を臨む森のなかに小さな別荘を持っている．庭先を下りれば，そこは『海辺』に出てくるごつごつとした岩礁海岸である．毎年夏になると，姪のマージョリーが幼い息子のロジャーを連れてやってくる．カーソンは，ロジャーと森や海辺を探検し，星空や夜の海を眺めた経験をもとに，「あなたの子どもに不思議さへの眼を開かせよう」という題で原稿を書いた．「子どもたちの世界は，いつも生き生きとして新鮮で美しく，驚きと感激にみちあふれているのに，わたしたちの多くは大人になるまえに澄みきった洞察力や美しいもの，畏敬すべきものへの直感力をにぶらせ，あるときはまったく失ってしまう．もしもわたしが，すべての子どもの成長を見守る善良な妖精に話しかける力をもっているとしたら，世界中の子どもに，生涯消えることのない『センス・オブ・ワンダー＝神秘さや不思議さに目を見はる感性』を授けてほしいとたのむでしょう．この感性は，やがて大人になるとやってくる倦怠と幻滅，わたしたちが自然という力の源泉から遠ざかること，つまらない人工的なものに夢中になることなどに対するかわらぬ解毒剤になるのです」（カーソン，1996）とカーソンは書いている．ここでいう感性とは，「感性

を研ぎ澄ます」や「鋭い感性」で用いる「ものを見たり，聞いたり，食べたりしたとき，それに対して生まれる感情や抱くイメージ，またそれらに対する感受性」（都甲，2004）のことである．この『センス・オブ・ワンダー』には，「大都会の密集地帯に育った若者は，有機的創造物の美と調和を知るようになる機会をほとんどもたない」とオーストリアの動物行動学者コンラート・ローレンツ（Konrad Zacharias Lorenz, 1903-1989）の『人間性の解体（*Der Abbau des Menschlichen*）』（1983）の言葉にあるように，まさしく「有機的創造物」である生きものや自然の「美と調和」に接することの大切さが語られている．

　カーソンは，「海辺の世界」（『海辺』の序章）で，「水と砂を渡って吹く風と，浜辺に砕ける波とが発する原始の響きのほかは，何の音も聞こえなかった．目に見える生きものは，波打ち際のあの一匹の小さなカニのほかには何もいなかった．私は，こことは違う環境でもスナガニを何百となく見ている．突然，私は，あるがままの姿の生物を初めて見たという妙な感動にとらわれた．つまり，かつて感じなかったことであるが，生存の本質を理解したのであった．その瞬間，時の流れは停止した――私はこの世界に属するものではなく，別の宇宙から来た傍観者のようだった．海とともにある孤独な小さなカニは，繊細でこわれやすい生命それ自体を，この無機的な世界の厳しい現実の中に，なんとかして確保していこうとする信じられないような活力を象徴していた」（カーソン，1987）と語っている．この感覚は，「生存の本質」を見抜くための「神秘さや不思議さに目を見はる感性」，すなわち，「センス・オブ・ワンダー」の感覚そのものといえる．同様に『センス・オブ・ワンダー』で，カーソンは，甥のロジャーと夜の海辺にカニをさがしに出かけたとき，大洋の荒々しい力のまえに，たった一匹で立ち向かっているこの小さな生きもののかよわい姿を目にするたびに，なにか哲学的なものすら感じさせられると「センス・オブ・ワンダー」の感覚を述べている．

　カーソンが，ロジャーを連れだって歩き回っていたメインの森は，雨が降ると，とりわけ生き生きとして鮮やかに美しくなる．すなわち，針葉樹の葉は銀色のさやをまとい，シダ類はまるで熱帯ジャングルのように青々と茂り，そのとがった1枚1枚の葉先からは水晶のようなしずくをしたたらせる．カラシ色やアンズ色，深紅色などの不思議ないろどりをしたキノコの仲間が腐葉土の下から顔を出し，地衣類や苔類は，水を含んで生き返り，鮮やかな緑色や銀色を

取り戻す．地衣類は，石の上に銀色の輪を描いたり，ホネやツノや貝殻のような奇妙な小さな模様をつくったり，まるで妖精の国の舞台のように見えるとカーソンは観察している．続けて，自然のいちばん繊細な手仕事は，小さいもののなかに見られ，それを見ていると，いつしか人間サイズの尺度の枠から解き放たれていくと述べている．たとえば，ひとつかみの浜辺の砂が，バラ色にきらめく宝石や水晶や輝くビーズのように見え，森の苔を除けば，熱帯の深いジャングルのようで，苔のなかを這い回る虫たちは，うっそうと茂る奇妙なかたちをした大木のあいだをうろつくトラのように見える．つまり，いろいろな木の芽や花の蕾，咲き誇る花など，小さな生きものたちを虫眼鏡で拡大すると，思いがけない美しさや複雑なつくりを発見することができるのである．最近，国内でも「Bセンス活動（Bは，biodiversity 生物多様性）」という動きがある．これは，人の五感による自然体験を通して，生物多様性を理解し，生物多様性保全への関心を高めようとする活動である．生物多様性という言葉とその保全の大切さをよりよく理解するために，身近に観察できる植物や昆虫などの小さな生きものの姿形のおもしろさや，美しさなど，自然のすばらしさを日常生活のなかで体験することを目的としている．これまで見てきたようにわれわれは，まわりの世界のほとんどを視覚という感覚によってその美しさの発見とよろこびを体験している．

　カーソンは，「視覚だけでなく，その他の感覚も発見とよろこびへ通ずる道になることは，においや音がわすれられない思い出として心にきざみこまれることからもわかります」，「嗅覚というものは，ほかの感覚よりも記憶をよびさます力がすぐれていますから，この力をつかわないでいるのは，たいへんもったいないことだと思います」と述べ，「引き潮時に海辺におりていくと，胸いっぱいに海辺の空気を吸いこむことができます．いろいろなにおいが混じり合った海辺の空気につつまれていると，海藻や魚，おかしな形をしていたり不思議な習性をもっている海の生きものたち，規則正しく満ち干をくりかえす潮，そして干潟の泥や岩の上の塩の結晶などが驚くほど鮮明に思い出されるのです」と続けている．

　すなわち，カーソンは，視覚や嗅覚を通して，自分と自然の「つながり」（たとえば，「胸いっぱいに海辺の空気を吸いこむ」や「海辺の空気につつまれている」）を意識して海辺という場所の自然環境を認識している．同様に，20

世紀のアメリカを代表する自然詩人であり,生態地域主義者*のゲーリー・スナイダー(Gary Snyder, 1930-)は,「人が子供のときに自然から学ぶことと言えば,まずは匂いや味覚が挙げられるだろう.私には記憶と深く結びついた木苺や植物の匂いがある(私はある種の木苺を一口食べただけですぐに子供時代に戻ってしまう).私たちはだれでもこのような経験をしている」と語っている.そしてこれが,人がそこで成長する「場所」の有する最初の標識であると,人と自然環境である「場所」の「つながり」に嗅覚や味覚が重要な役割を担っていることを述べている.

このことは,多くの研究から,においを手がかりにして思い出された記憶は,言葉や視覚や聴覚などを手がかりにして思い出されたものに比べて,より強い情動性を持ち,より鮮明であることが報告されている.すなわち,言葉による自伝的記憶の想起のバンプ(回想のピーク)は,思春期から現在にあるが,においを手がかりとする記憶の想起のバンプは,より子ども時期に集中する.つまり,においによって喚起される記憶のバンプは,10歳未満にあるのに対して,写真や単語によって喚起される記憶のバンプは,11-20歳のあいだに見られることがわかっている.しかしながら,においにより喚起される記憶の数は,単語により喚起される記憶の数よりも少ないことも明らかにされている.

つぎにカーソンは,音を聞くこともまた,じつに優雅な楽しみをもたらしてくれると,地球が奏でる音(雷のとどろき,風の声,波のくずれる音や小川のせせらぎなど)やあらゆる生きものたちの声(春の夜明けの小鳥たちのコーラス[歌声],虫のオーケストラ)に心ひかれ,「森の静けさは波の声を囁き声のこだまに変え,森の音はまさに声の幻である」.そして,「この明けがたのコーラスに耳をかたむける人は,生命の鼓動そのものをきいているのです」と語っ

---

*「生態地域主義(bioregionalism)」は,人間と自然,または生態地域(bioregion)の関係に深い関心を示し,その関係性のうちに生起するさまざまな洞察を生活のなかで実践しようとする(山里,2006).生態地域は,行政的・政治的な分割による境界を基礎にした地域ではなく,自然の生態系や河川の流域などで形成される地域を指す.つまり,国家に対しては地域を対置し,収奪や競争原理に対しては保全や協同,中央集権や画一性に対しては地方分権または集権排除,そして対立や単一文化に対しては共生や文化の多様性を想定する.さらに生態地域主義は,具体的な場所を生きることを要請する「場所を生きる思想」といえる.1つの場所に住み,生態系との関係において自己を再教育し,流域や植物や土壌などに関する正確な知識を獲得すると同時に,生態系に対する人間の責任を確認する.このような生き方を生態地域主義者は「再定住(reinhabitation)」とよぶ.

ている．自然に対して畏怖・畏敬の念を抱いて，自然をこよなく愛したフランスの作曲家オリビエ・メシアン（Olivier Messiaen, 1908-1992）は，鳥の歌声に関心を持ち，その旋律，リズム，音色，対位法を研ぎ澄まされた聴覚を通して詳細に研究（採譜や音楽語法など）し，《鳥のカタログ（全13曲）》（1956-1958）をはじめとする作品を完成させている．本作品では，いずれの曲も標題になっている鳥（キバシガラス，キガシラコウライウグイス，イソヒヨドリ，カオグロヒタキ，モリフクロウ，モリヒバリなど），およびそれと同じ土地に生息する鳥たち（計77種）の歌声が，取り巻く空間とともに音楽化されている．各曲には序文が付されており，そのなかには標題となっている鳥のかなりくわしい解説がある．鳥の生態のみならず，生息地の風景や同じ曲に登場するほかの鳥についての説明もあり，まさしく「鳥のカタログ」なのである．また鳥だけでなく，カエルやセミといったほかの動物，さらに波や川や岩や花，日の出や夜など自然を構成する要素も出てくる．各曲には，具体的な場所や時間の経過が設定され，「鳥を主役とした自然絵巻」とでもいうべき多彩なストーリーが与えられている．さらに，ピアノによる描写力（表現力）で，大胆かつ緻密な「抽象化」によって，まったくユニークで魅力的な自然観（自然に対する認識・意味づけ）が形成されている．それは，まさに鳥を主役とした「生命の鼓動」そのものを聞いているようである．メシアンと鑑賞者は，聴覚を通して「鳥を主役とした自然絵巻」とつながり，自然との対話や一体感を意識することで，同じ自然観を共有することになる．メシアンは，まさしく「センス・オブ・ワンダー（ここでは，自然に対して畏怖・畏敬の念を抱く感性）」を音楽によって表現している．

『センス・オブ・ワンダー』には，カーソンの信念ともいえる自然観，すなわち，つぎの2つのメッセージが込められている．1つは，子どもを持つ親に向けたメッセージであり，子どもに生まれつき備わっている「センス・オブ・ワンダー」をいつも新鮮に保ち続けるためには，大人がそばにいて発見の喜びや感動を一緒にわかちあうことが大切だということである．もう1つは，われわれすべての人びとに向けたメッセージであり，それは，地球の美しさと神秘を感じとることの意義と必要性である．地球の美しさと神秘を感じとれる人は，生きていることへのよろこびを見出すことができ，生き生きとした精神力を生涯保ち続けることができる．そして，地球の美しさと神秘を感じとる感性，

「センス・オブ・ワンダー」を持つことは，地球を健全に保つために必要なことでもある．さらに，自然に対してだけではなく，「人という一つの自然物がつくり出す社会（人間社会）に対しても，感覚を敏感に働かせていかなければならない」ということである．カーソンは，当時，「地球は人間だけのものではない」ことに人間が気づいていないのを懸念し，人間がわがもの顔に地球の資源を使い，かけがえのない地球を破壊していることに対して，強い危機感を持っていた．彼女は，人間がつくりだす文明に対して，警鐘を鳴らしたかったに違いない．その信念を支えたのは，カーソンの感性と生命へのかぎりない崇敬の念であったといえる．

(2) **感性から知性へ——生態学へのつながり**

多くの親たちは，普段の生活のなかで，熱心で繊細な子どもの好奇心にふれるたびに，さまざまな生きものたちがすむ複雑な自然界について自分がなにも知らないことに気がつき，しばしば，どうしてよいかわからなくなる．カーソンは，『センス・オブ・ワンダー』のなかで，子どもにとっても，このような親たちにとっても，「知る」ことは「感じる」ことの半分も重要ではないと述べている．そもそも「知る」ということは，本来，「知りたい」という意欲があって，初めて「知る」ということになる．その場合，「知りたい」という意欲のためには，自分の環境のまわりにあるものを「感じる」という繊細な心が非常に大切である．スイスの心理学者ジャン・ピアジェ（Jean Piaget, 1896-1980）の長年にわたる子どもの発達に関する研究によると，子どもは大人とは異なる独特な精神世界にすんでいる，つまり「子どもは，頭のてっぺんから，爪先までで感動する」といわれるように，幼児は，好奇心と感動に満ちあふれた感覚的世界に生きている．「知ることは感じることの半分も重要ではない」．このカーソンの言葉は，ピアジェの思想と共通する点がある．自然科学者カーソンと心理学者ピアジェは，同じ子ども観に立ち，幼児期の教育を考えていたことがわかる．

すなわち，カーソンは，「子どもたちがであう事実のひとつひとつが，やがて知識や知恵を生みだす種子だとしたら，さまざまな情緒やゆたかな感受性は，この種子をはぐくむ肥沃な土壌です．幼い子ども時代は，この土壌を耕すときです．美しいものを美しいと感じる感覚，新しいものや未知なものにふれたと

きの感激，思いやり，憐れみ，賛嘆や愛情などのさまざまな形の感情がひとたびよびさまされると，次はその対象となるものについてもっとよく知りたいと思うようになります．そのようにして見つけだした知識は，しっかりと身につきます」と，子どもに知識を身につけさせるには，まず感性を育てることが大事であると述べている．たとえ自分自身が，自然への知識をほんの少ししかもっていないと感じていたとしても，子どもと一緒に空を見上げれば，夜明けや黄昏の美しさがあり，流れる雲，夜空にまたたく星を見ることができる．また，森を吹き渡るごうごうという声や，家のひさしやアパートの角でヒューヒューという風のコーラスを聞くこともできる．そうした音に耳をかたむけているうちに，心は不思議に解き放たれていく．たとえ都会で暮らしているとしても，公園やゴルフ場などで，あの不思議な鳥の渡りを見て，季節の移ろいを感じることもできる．さらに，台所の窓辺の小さな植木鉢にまかれた一粒の種子さえも，芽を出し成長していく植物の神秘について，子どもと一緒にじっくり考える機会を与えてくれるのである．

　カーソンは，同様に『海辺』の「まえがき」で，海辺を知るためには，生物の目録だけでは不十分であり，海辺に立つことによってのみ，わたしたちは，陸のかたちを刻み，それをかたちづくる岩と砂がつくられた大地と海との長いリズムを感じることができる．そして，わたしたちの足もとに，渚に絶え間なく打ち寄せる生命の波を，心の目と耳で感じとるときにのみ理解を深めることができると，「知る」ことにも増して，「感じる」ことの重要性を述べている．つまり，海辺の生物を理解するためには，空になった貝殻を拾い上げて「これはホネガイだ」とか，「あれはテンシノツバサガイだ」というだけでは十分ではない．真の知識は，空の貝殻にすんでいた生物のすべてに対して直観的な理解力を求めるものなのである．それは，波や嵐のなかで，彼らはどのようにして生き残ってきたのか，どんな敵がいたのだろうか，どうやって餌をさがし，種を繁殖させてきたのか，彼らがすんでいる特定の海の世界との関係はなにであったのかというような生態学にかかわることである．

　これはまた，「土地倫理*（land ethic）」を提唱したレオポルド（→第1章 1.2(3)）の生態学的メカニズムの理解に通ずる．レオポルドは，『野生のうたが聞こえる（*A Sound County Almanac*）』（1949）のなかで，子どもの教育における「感性」を自然の事物だけでなく，人間が普段生活する土地に広げるとと

もに，生態学的な「知性（物事を知り，考え，判断する能力）」を育てる必要性を明確に述べている（レオポルド，1997）．つまり，「土地」という自然の生態系に生きていることを「感性」で気づいて，「知性」でもっていかに生きていくかを判断することが大切であるといえよう．それは，実際の自然のなかでの観察を通して，初めて生態学的な理解，「知性」へとつなげることができるのであって，生態学も含めて科学者全般の「自然に対する態度」と共通するものである．あるがままの自然や生きものを「感性」で詳細に観察することで，自然や生きものはおのずとこちらの「理性」に語りかけてくれる．それは，われわれに向けて開かれている自然でもある．そして，われわれに「知性」へとつながる生態学の目を開かせてくれるだろう．

　ピアジェは，科学者について，「心ときめかす驚きは，教育や科学的探求において，本質的な原動力になるものである．優れた科学者を他と区別するのは，他の人が，何とも思わないことに驚きの感覚をもつことである」と述べている．とりわけ，生態学に携わる科学者は，自然観察を通した「心ときめかす驚き＝センス・オブ・ワンダー」に「理性」で敏感に反応することが肝要である．カーソンは，『センス・オブ・ワンダー』の最後に「自然にふれるという終わりのないよろこびは，けっして科学者だけのものではありません．大地と海と空，そして，そこに住む驚きに満ちた生命の輝きのもとに身をおくすべての人が手に入れられるものなのです」と述べている．そして，地球の美しさと神秘を感じとれる人は，科学者であろうとなかろうと，人生に飽きて疲れたり，孤独にさいなまれることはけっしてない．たとえ生活のなかで苦しみや心配ごとに出合ったとしても，必ずや，内面的な満足感と，生きていることへの新たなよろ

＊「土地倫理」は，レオポルドが，『野生のうたが聞こえる』の第3部「自然保護を考える」に収めたエッセイ「土地倫理」で提示した概念である．土地倫理は，土地利用に関して，伝統的な「人間中心主義（anthropocentrism）」的な見方から「生態系中心主義（ecocentrism）」的な見方への転換を説き，1970年代から欧米を中心に展開されてきた環境倫理学の原点となった．レオポルドは，人間の倫理観は，人間社会が組織化された結果生じたものであるという前提に立つ．最初の倫理は個人と個人の関係を扱い，つぎに個人と社会の関係を扱った．そしてつぎの段階として，倫理規則の適用範囲を第三の要素である土地にまで拡張することは，進化の筋道としても生態学的にも必然であるとする．彼は「共同体（community）」という概念を，人間社会のみならず，「土壌，水，植物，動物，つまりはこれらを総称した『土地』」にまで拡大した．この引用からわかるように，ここでいう「土地」は当該地域に生息する生物全体を含み，生態系とほぼ同じ意味である．

こびを見いだすことができ，生命の終わりの瞬間まで，生き生きとした精神力をたもちつづけることができるであろうと静かに語りかけている．

4.3 人と動物のつながり――動物との〈交感〉

(1) 自然の叡智――ソロー

カーソンがアメリカで生まれるはるか以前，18-19世紀にかけて起こった産業革命以降，市場経済化を促進させた鉄道建設や土地開発により，アメリカ各地はすでに森林伐採の最中になっていた．ネイチャーライティング（→Box-7）の創始者といわれ，博物学者で測量技師であったヘンリー・デイヴィッド・ソロー（Henry David Thoreau, 1817-1862）は，27歳で森に住み，1845年独立記念日（7月4日）から1847年9月6日までのウォールデン湖畔にある7帖ほどの家におけるソロー自身の自給自足と晴耕雨読の生活体験をもとに，『ウォールデン――森の生活（*Walden; or, the Life in the Woods*）』（1854）にまとめている．このネイチャーライティングの古典ともいわれる本書は，生態学的観察によるウォールデンの森と湖の描写と人と自然の関係を綿密に考察した壮大な随筆である．ソローが体験したのは，野生動物や森と結ばれた人の簡素な暮らしであり，ソローは，自然界における直接的な経験にもとづく叡智の書として提示している（ソロー，2004）．

『ウォールデン』の第1章「経済」で，ソローは，経済を「文明」と同義としてとらえ，人類の文明化の過程に鋭いメスを入れ，詳細に分析する（上岡，2007）．すなわち，文明の進歩によって物に囚われて「静かなる絶望の生活」を送らなければならない人びとを，どのように覚醒させ，変身させることができようかと思案する．そして，第2章「どこで，なんのために暮らしたか」で，「私が森へ行って暮らそうと心に決めたのは，暮らしを作るもとの事実と真正面から向き合いたいと心から望んだからでした．生きるのに大切な事実だけに目を向け，死ぬ時に，実は本当には生きてはいなかったと知ることのないように，暮らしが私にもたらすものからしっかり学び取りたかったのです．私は，暮らしとはいえない暮らしを生きたいとは思いません．私は，今を生きたいのです」と，それ以降の章で具体的な提言を述べている．つまり，森の暮

Box-7 ネイチャーライティング
——「自然とはなにか」を語る

　エコロジーの〈エコ〉は，古代ギリシャ語の「家（オイコス）」を語源とするが，「家」自体で意味を有するのではなく，そこに住む人があって初めて意味を帯び，価値と機能を発揮する（生田，2008）．〈エコ〉とは，本来的に関係性を内在させた概念であり，地球全体，国や地域，つまりわれわれが生きる〈場所〉が導き出せる．われわれは特定の場所で暮らし，その場所で住民同士の，住民と自然との具体的な関係が築かれていく過程で社会が形成され，文化が生まれ，歴史が綴られ，固有の環境が成立していく．その意味で〈場所〉は，空間的な側面と時間的な側面とが交錯するものにして，関係性の総和をはらむもの，それが〈場所〉であり，〈エコ〉の意味するところである．

　人と自然のかかわり方は，世界のすべてに共通するのでも，均質なのでもなく，多様な形態や様式を示すものである．そのかかわりが，場所ごとに固有のかたちで織りなされていくことで，その表象する（象徴的に表す）言葉も固有の表現を得るはずである．そのような関係性という意味において，固有な〈場所〉の文学をネイチャーライティングとよび，欧米では1980年代からその文学研究が進められている．トーマス・ライアン（Thomas Jefferson Lyon, 1937-）は，『この比類なき土地——アメリカン・ネイチャーライティング小史（*This Incomparable Lande: A Book of American Nature Writing*）』（1989）のなかで，ネイチャーライティングをつぎに示す3つの要素にまとめている（ライアン，2000）．

1. 自然に関する科学的情報（客観性）
2. 自然に対する個人的な反応（主観性）
3. 自然に関する思想的・哲学的解釈

　1は，自然に関する客観的で正確な情報であり，自然に関する知識が不正確なものであってはならないという意味で，自然科学に関する客観的で正確な知識を必要とする．2は，ある自然現象に対して書き手がいかに反応しているかを書くことであり，「個人的」，つまり書き手がなにを思い，どう感じたかを書かねばならない．つまり，1で客観性を重視しているにもかかわらず，2では主観性を重視している．3は，客観的な知識と主観的な反応をふまえて，「自然とはなにか」を独自に語ることである．そして，ネイチャーライティングの決定的な意義は，それによって読者が，エコロジカルなものの見方に目覚めることであ

る，と指摘する．

　それは自然のなかのパターンを認識することであり，そのような認識は倫理的に重大な意味を帯びていて，ついには人間であることの意味を問いなおす契機ともなりうる，とライアンは言葉をつなぐ．このようにネイチャーライティングは，客観的な知識と主観的な反応をふまえて，「自然とはなにか」を語ることであり，自然科学論文ではなく（理系の）文学になる．すなわち，ネイチャーライティングというジャンルの核心にあるものは，自然を観察し，自然と向き合う自己を見つめ，新たな目で人間と自然の関係をとらえなおそうとする姿勢といえる．

　もともと 20 世紀初頭において，"nature writing" という英語が本格的に使用され始めたと考えられているが，ネイチャーライティングには，内容的には自然観察録や冒険記，自然のなかの暮らしや日常生活における自然との出会いを記述したものまで，表現の対象は多様である．ネイチャーライティングの祖は，ヘンリー・デイビッド・ソローの『ウォールデン——森の生活』(1854) とされ，そこには自然観察，自然との交流と共生，再生と目覚め，自然の権利，自然の側に立った文明批判と異なる価値観の提示，自伝への衝動の発露など，現代ネイチャーライティングの中心的主題が見られる．環境への意識が高まった現代，作家も再び自然に目を向けるようになったこともあり，現代アメリカのネイチャーライティングは，たんにソローの系譜を継承するにとどまらず，彼が提起した課題をさらに深めつつある．

　従来の人間中心主義の自然観が，自然は固有の価値ある世界であり，人間も自然の一部であるとする自然観へと大きく変化し始めたため，地球規模で進行する自然破壊と環境問題が深刻化した 1960 年代以降，レイチェル・カーソンの『沈黙の春』(1962) をきっかけにネイチャーライティングは脚光を浴びるようになる．また，日本においてネイチャーライティングが提起されるようになったのは，1990 年代に入ってからのことで，近年では自然が重要な意味を持ち，自然がクローズアップされる詩や小説や演劇を含む，「環境文学（environmental literature）」という新たな名称が定着しつつある．

　すなわち，ネイチャーライティングは，主として自然と人間を扱うノンフィクション（事実や実体験にもとづいた物語）を指すことが多いが，環境文学，あるいは「環境をめぐる文学（environmental writing）」は，ノンフィクションに限定せず，より包括的な枠組みで自然と人間をめぐる文学を考えようとする．環境の根源がわたしたちのそれぞれが個別の様態で暮らす〈エコ〉＝〈家，場所〉のあり方に求められているとすれば，環境文学研究は，自らが生きる場所とそこに蓄積された文化や歴史への洞察を介することで，ほかの場所の文化に

おいて継承されてきた自然観や世界観を知る契機が見出され，他者に対する共感が育まれる．

ここでは，カーソンの著書以外にネイチャーライティングとされる英米文学と日本文学におけるおもな作品を，それぞれ年代順にあげる（『楽しく読めるネイチャーライティング——作品ガイド120』文学・環境学会編，2000 より）．

- ラルフ・ウォールドー・エマソン（Ralph Waldo Emerson, 1803-1882）『自然論（Nature）』（1836）
- ハーマン・メルヴィル（Herman Melville, 1819-1891）『白鯨（Moby-Dick; or the Whale）』（1851）
- ヘンリー・デイビッド・ソロー（Henry David Thoreau, 1817-1862）『ウォールデン——森の生活（Walden; or, the Life in the Woods）』（1854）
- 同上『メインの森（The Maine Woods）』（1865）
- チャールズ・ダーウィン（Charles Darwin, 1809-1882）『種の起源（On the Origin of Species）』（1859）
- ジョン・ミューア（John Muir, 1838-1914）『はじめてのシエラの夏（My First Summer in the Sierra）』（1911）
- ヘンリー・ベストン（Henry Beston, 1888-1968）『ケープコッドの海辺に暮らして（The Outermost House）』（1928）
- アルド・レオポルド（Aldo Leopold, 1887-1948）『野性のうたが聞こえる（A Sound County Almanac）』（1949）
- アーネスト・ヘミングウェイ（Ernest Hemingway, 1899-1961）『老人と海（The Old Man and the Sea）』（1952）
- エドワード・アビー（Edward Abbey, 1927-1989）『砂の楽園（Desert Solitaire: A Season in the Wilderness）』（1968）
- アニー・ディラード（Annie Dillard, 1945-）『ティンカー・クリークのほとりで（Pilgrim at Tinker Creek）』（1974）
- ダイアン・アッカーマン（Diane Ackerman, 1948-）『月に歌うクジラ（The Moon by Whale Light）』（1991）

- 松尾芭蕉（1644-1694）『奥の細道』（1702）
- 国木田独歩（1871-1908）『武蔵野』（1901）
- 南方熊楠（1867-1941）『十二支考』（1914-1923）
- 柳田国男（1875-1962）『山の人生』（1926）
- 中西悟堂（1895-1984）『野鳥と共に』（1935）

- 野尻抱影（1885-1977）『星の民俗誌』（1952）
- 石牟礼道子（1927-）『苦海浄土——わが水俣病』（1969）
- 有吉佐和子（1931-1984）『複合汚染』（1975）
- 野田知佑（1938-）『日本の川を旅する』（1982）
- 山尾三省（1938-2001）『聖老人——百姓・詩人・信仰者として』（1988）
- 高田宏（1932-）『木に会う』（1989）
- 池澤夏樹（1945-）の『母なる自然のおっぱい』（1992）

らしを体験する過程を通して，ソローは自然と調和しながら，つねに自己完成を目指して高い志を持ち続ける人間（自然や社会とつながりを持つ人，人びと）に変身するようにと主張する．そのためにソローの『ウォールデン』は，まさに「晴耕雨読」の日々であり，「しっかりと本を読むこと，つまり本物の書物を本物の精神で読むことは気高い修練である」と説く．しかしながら，つぎの章では，「書物のみに没頭し，（中略）特定の書き言葉ばかり読んでいると，隠喩なしに語る唯一の豊かな標準語である森羅万象の言葉を忘れてしまう恐れがある」と，ソローは手のひらをかえしたように，読書で得られる「人間の叡智」の重要さを認めながらも，さらに重要なのは「自然の叡智」であると主張する．つまりそれは，自然のなかで「自然の叡智」に気づき，自分自身を見つめなおし，簡素な生活を実践しながら同時に高き想いを持ち続けることであり，文明生活に戻ってきたときに社会と新しい関係を持つことである．

「森の生活」とは，新しい生き方への第一歩なのであり，このような「簡素な生活・高き想い」の実践は，地球に負担をかけないエコロジカルな生き方でもある．いまから200年前の昔，「人間の叡智」による産業革命で化石資源文明がその驚異的発展の兆しをやっと見せ始めたその折に，「自然の叡智」の奥深さを明言したソローは先見性があったとしかいいようがない．そして，この「自然の叡智」をソローに気づかせたのは，森の生活での自然観察と経験にもとづく，ソロー自身の「センス・オブ・ワンダー」という感性であったのだろう．

また，『ウォールデン』では，生態地域主義の「場所の感覚（sense of place）[*]」にもとづく自然観を読み取ることができる（山里，2006）．ソローは，森のなかに椅子を出し，森の変化や湖の変化をゆっくりと眺め，小鳥たちの歌を存分

に聞いた．そして自分の暮らしを「つぎつぎと場面が変わる，終わりのないドラマのようなものだ」と述べる．ソローは，毎日，散歩に数時間を費やしたばかりではなく，花の盛りを見定めるために，8 km の距離を 2 週間のあいだ，6 回ほども出かけたり，深い雪のなかを 16 km ほども歩いて，隣人である一本のブナに会う約束を守っている．どんな科学者をも超えるソローの豊富な自然経験は，科学の言葉では，語ろうにも語れない．「科学は部分を説明するに過ぎず，経験はすべてを受け入れている」からである．ソローは読書を通して，神話，詩，旅行記，芸術論，先住民の言葉，そしてもちろん科学の言葉に，自然を語る表現方法について求めようとしたが，十分でないことに気づく．それら「人間の叡智」だけではなく，「自然の叡智」を「歩く」ことを通して直に経験することが肝心なことであり，その過程が『ウォールデン』に書かれている．

　一方，カーソンも，「(甥の) ロジャーがここにやってくると，わたしたちはいつも森に散歩に出かけます」と地衣類や蘚苔類が，水を含んで生き生きとして鮮やかになる，あえて雨の日にメインの森を歩くことで，ソローの「終わりのないドラマ」と同様に自然の変化を直に経験している．また，『海辺』の岩礁海岸をはじめ各海岸では，それぞれ長期間にわたり滞在し，徒歩による自然経験を通して，海辺の生物たちの詳細な観察から「自然の叡智」に迫ろうとした．

　ソローは，『ウォールデン』の第 2 章で，彼の住む家の周辺の動物について，非常に具体的に観察結果を述べているが，なかでも第 12 章「動物の隣人たち」では，家畜化され，人間の居住空間で飼われる鶏（庭の鳥）に対して，ライチョウは「森の鳥」であり，森の鳥にふさわしい自然に即した気持ちを持ち，

---

*生態地域主義（→第 4 章 4.2(1)）の中枢をなす概念の 1 つに「場所の感覚」がある．場所の感覚とは，身体的，社会的，歴史的に構築された，人と場所とのあいだの関係性を表す用語である．「場所」という語は，アメリカ（中国系）の地理学者イーフー・トゥアン（Yi-fu Tuan, 1930-）による〈空間＋経験＝場所〉という定式にもとづくことが多い．漠たる広がりを意味する「空間」に，親密な「経験」が加わると，安全性と安定性を示す「場所」に変容するという概念上の定式である．これは，1 つの「場所」を，その生態系などの自然環境だけでなく，その歴史や文化を含めた複合体として深く認識することを示唆する．スナイダーのような生態地域主義者は，このような複合体と交渉を重ねるなかで，人は自然を含む新しい共同体を創造することが可能になると考える（山里，2000）．

振る舞う野生の隣人であると述べている．「ライチョウの雛は，多くの種の鳥の赤裸の雛と違って早熟で，鶏の雛よりもっと発達した雛として生まれ，親鳥につき従って暮らします．そのためでしょう，ライチョウの雛たちの大きく澄んだ目は，大人の目のようでありながら，子どもの無邪気さがあり，見る者に強い印象を与えます．目の輝きの中に，雛の知恵のすべてが示されているかのようです」，「彼らの目は，幼き者の純粋さだけでなく，経験を通じて明晰になった知恵も映しています．雛が孵化した時に誕生した目ではなく，目が映す大空と同じほどに歳とっているように見えます．森も，これほど素晴らしい宝石をそうは生み出さないでしょう．あなたも，これほど澄んだ泉をそうは覗いてはいないでしょう」と．

ソローは，森の鳥，ライチョウの生態や行動を科学的な緻密さで観察することで，雛の目に永遠の生命力を感じ，その「自然の叡智」に気づき，ただ見るだけでなく，あたかもライチョウの雛と「交感*(correspondence)」(野田，2007)しているかのようである．カーソンも同様に『海辺』のカニの姿をただ見るだけでなく，自然の脅威に立ち向かっていく強さ，自然の懐に抱かれるままの弱さやはかなさ，それとともにわずかな可能性にかけるたくましい生命力を兼ね備えていることに気づいている．両者の感覚は，「生存の本質」を見抜くための「センス・オブ・ワンダー（神秘さや不思議さに気づく感性）」の感覚そのものといえる．

---

*人類の歴史のなかで，人はさまざまな自然の事物に対して，交感的な関係，つまり，自然との対話（コミュニケーション）をしてきた．そもそも人類は，宇宙の星々の動きを読み，天候を読み，動物の足跡から情報を読み取り，植物の成長から季節の変化を読み取り，自分の位置を知り，獲物や食料のありかを確認するために，さまざまに自然と対話してきたのである．それだけでなく，もう1つの対話として，動物をはじめとする自然の事物を，自分たちの心や気分や内面的価値の比喩や象徴と見てきた．これによってわれわれは自らを知り，自らを表現してきたともいえる．人はこれまで，ファーブルが『昆虫記』に描いている小さな虫から，シートンの動物に関する著書をはじめ，さまざまな動物と出遭う物語，動物と暮らす物語，動物に変身する物語など，動物について多くの関心を払ってきた．つまり，人は動物との交感的な関係を結んできている．ポール・シェパード（Paul Shepard, 1925-1996）は，『動物論——思考と文化の起源について（Thinking Animals: Animals and the Development of Human Intelligence）』(1978)で，「われわれの精神と文化は，動物たちと深くかかわることによって，彼らと相互作用の中から生み出されてきたのである」と述べている．これはまさしく，人が人となるために，動物との交渉，すなわち「交感」がきわめて大きな役割を果たしてきたことを示している．これはまた，生物多様性における人類の文化を育んだ文化的価値や人類の進化を導いた倫理的価値に通ずるものである（→Box-6）．

(2) 野生鳥獣に対する態度——動物観

　ソローが森の生活を経験したその後も，欧米をはじめとする工業国では，木材資源や観光資源などとしての森林の急速な破壊（伐採）と自然地域における開発か進み，とくに近年は，環境の改変が，開発途上国や新興国など地球レベルで大規模化する傾向にある．これらの人間活動は，野生鳥獣（動物）の生息環境に大きな影響をおよぼし，分布域や個体数の変化を生じさせており，野生鳥獣を保護する際に重要な問題になっている．都市住民は，野生鳥獣のいる自然環境がないことに渇きを感じ始め，自然に接することによって精神的な安らぎを得ようとする傾向が高まっている．

　カーソンは，ソローの『日誌』をベッドサイドにつねにおいて，ソローのことを「偉大なナチュラリスト」とか，「身のまわりの世界を瞑想的に観察した代表的人物」と表現しているように，ソローはカーソンが敬愛すべき人物のひとりであった．そして，カーソンの抱く自然観にも，ソローの自然観が影響を与えたことは想像にかたくない．つまり，カーソンとソローは，草木の美しさに目を注ぎ，鳥のさえずりに耳を傾けるところが共通していることはいうまでもない．ソローは，旅行と冒険についてのエッセイである『メインの森（*The Maine Woods*）』（1864）で，「黒々とした山の麓のたそがれてゆく荒地の中で，反射光に満ちたまばゆい川のそばに私はすわりこみ，モリツグミのさえずる声をしばらく聴いていたが，このさえずり以上に高い文明はあり得ないのではないか，という気さえした」（ソロー，1994）と「純粋自然（ウィルダネス）」発見の旅で述べているが，その至福の感情は，カーソンの到達した『沈黙の春』におけるエコロジー思想の発想に共通するところでもある．これは，野生鳥獣に対する生態学的・自然主義的態度（表4-1）にもとづく新たな「哲学的態度」とよんでよいだろう．アメリカでは，20世紀初頭には，野生鳥獣に対する態度のうち支配的態度が大勢（9割以上）を占めており，20世紀を通して，実用的態度の割合がもっとも高く，野生動物保護管理の概念は，この実用的態度をもとに資源の維持管理を目指して成り立ってきたと考えられる．それ以前の19世紀半ばに，ソローが森の生活を通して，野生鳥獣に対する「哲学的態度」を自然経験から実践していたことには驚きである．

　一方，1900年以降の新聞記事をもとにした日本人の野生鳥獣に対する態度

表4-1 鳥獣に対する態度.（安田，1990より）

審美的（Aesthetic：芸術的，象徴的特性としての興味）

支配的（Dominionistic：支配，制御に関する関心）
　動物に対する優越感，動物を支配する欲望であり，動物を支配と管理のための機会を提供するものと見なし，動物と競う技や武勇の表現が強調される．ロディオやトロフィー・ハンティング，馴到訓練などがある．

生態学的（Ecologistic：システムとしての環境，野生動物とハビタットの関係，生態系への関心）
　本質的に野生動物と自然環境を指向するが，知性的で偏見のない見方が特徴である．野生でも家畜でも個体に焦点を合わせるのではなく，自然の生息地のなかの種としての動物に関心を向ける．人類も動物種の一種という観念を持ち，自然環境に依存していると考える．人類のために環境を守ることに関心を示してきた．

愛玩的（Humanistic：ペットに対して見られるような個々の動物に関する興味や強い愛情）
　個々の動物に対して強い個人的愛情を示すのが特徴である．ペットは友達，仲間あるいは家族の一員とされる．とくに野生動物に関心があるわけではないが，ペットに示す愛情は野生動物を含むすべての動物への関心に拡大される．一般的倫理思想（道徳的）や種に対する特別な関心（生態学的）にもとづいているのではなく，ペットから始まり野生動物にいたる個々の動物とのふれあいと結びついている．

道徳的（Moralistic：動物の正，不正の取り扱いへの関心，利己的利用や動物虐待への強い抵抗）

自然主義的（Naturalistic：野生動物，アウトドアに対する興味と愛情）
　野生動物や野外活動に魅力を感じることで，ペットに優しい感情を抱くが野生動物より劣ったものと見なす．自然の状態と個人的に接するときほんとうに満足する．現代社会から逃れて自然のなかにひたることで得られる野生に戻りたいという姿勢をそれぞれ指している．

否定的（Negativistic：動物に対する嫌悪や恐れの態度）

中立的（Neutralistic：動物に対する中立的関係，感情を示さない態度，動物との消極的関係）

科学的（Scientist：動物の物理的特質，生物学的機能に対する関心）

実用的（Utilitarian：動物やハビタットの実用的，物質的価値への関心）
　実用に適しているか，利益を生み出す素質をもっているかという観点から動物を認識し，動物に対する愛情や関心に欠けるわけではないが，有用性への関心には劣る．動物福祉の問題には関心を示さない．

は，1900年代から第二次世界大戦前までは，支配的態度が全体の9割以上から4-5割ともっとも割合が高かった．その後，日本でも高度経済成長の時期である1960年代以降，野生鳥獣への関心は高まり，その保護管理に関連して生態学的態度が増加している（安田，1990）．日本における野鳥の研究・保護の礎を築いたことで知られる中西悟堂（1895-1984）は，天台宗僧正であるとともに自然保護運動の指導者でもある．『定本　野鳥記』(1978) の「山野編　第4章　野鳥賦」で，「されば山野の諸鳥が，そこにある森林や，日に輝やく流れや，路傍の草の花とともに，われわれに与えてくれる無言の慰籍の行為をゆ

るがせにするな．幾世紀を通じて，あたかも晴天つづきの太陽のように，われわれを無意識のあいだに幸福にし，富まし，喜悦の情を喚起させた世界の一員を，より一層丁重に考えよ」と山野の鳥との愛情に満ちた「交感」について述べている（多田，2000d）．もともと日本人の鳥獣とのふれあいは，清少納言『枕草子』（10世紀末ごろの随筆）の「ちいさきもの」に見られる「愛でる」ことを目的とした愛玩的態度（表4-1）であった．ここでの中西の場合は，飼育をして野鳥の習性を知ろうとする鳥類研究上の目的と放飼による「愛でる」態度から生態学的，さらには自然主義的態度へと進むことでエコロジー思想を指向している．近年では，日本人の野生鳥獣に対する態度は，この生態学的態度が半数近くともっとも高く，ついで自然主義的態度も3割程度とその割合が高い（安田，1990）．

(3) **イタチのように生きる——ディラード**

アニー・ディラード（Annie Dillard, 1945-）は，20世紀アメリカのネイチャーライターのなかでも傑出した作家と見なされている．彼女のデビュー作で，20世紀を代表するネイチャーライティングといわれる『ティンカー・クリークのほとりで（*Pilgrim at Tinker Creek*）』（1974）は，ピューリッツアー賞を受賞しており，ソローの再来とよばれ，ソローのもっとも正統的な後継者と目されてきた．このディラードの作品，『石に話すことを教える（*Teaching a Stone to Talk*）』（1982）のなかに，野生のイタチとのささやかな遭遇劇を描いた短編「イタチのように生きる（*Living Like Weasels*）」（ディラード，1993）という作品がある．

作者ディラードは，夕暮れ時，近隣の池まで散歩に出かけ，いつものように池のほとりの苔むした倒木に腰を下ろして，くつろいでいる．そこへ黄色い鳥が不意に現れて，背後へ飛び去り，作者はその鳥に目をひかれ，くるっと向きなおった．と，つぎの瞬間，唐突に，作者を見上げているイタチを，作者は見下ろしていた．そのとき，野バラの大きな茂みの下から姿を現したイタチは，驚いて凍りついた．作者もうしろを振り向きざま，同様に凍りついたのだ．両者の目は錠をかけられ，60秒間そうして見つめ合った．しかし，やがて，イタチは野バラの下に姿を消し，作者のイタチへの想いだけが残る（野田，2007）．

ディラードは，イタチとの不意の遭遇で，あたかも錠をかけられたかのように目と目を合わせたまま動けなかった60秒間を〈魔法にかけられた時間〉と考える．意識のすきまをかいくぐって到達することのできる無意識の時間であり，イタチとの遭遇がその魔法をかけたのである．それはまた，作者とイタチとの無意識の「交感」の時間である．見つめ合っている60秒間，作者はイタチの頭のなかに入り込んでいたが，その後ハッと気がついて，われに返った（自分の頭の世界に戻った）その瞬間，記憶にとどめようと意識したことで，〈魔法にかけられた時間〉＝無意識の「交感」が崩れてしまった．それが壊れたのは，「わたしが瞬きしたからだ」と説明している．「瞬き」とは，眼前に不意に生起した野生動物との遭遇という事態に没入し，いわば忘我状態にあった作者が，われに返った瞬間を説明している．〈魔法にかけられた時間〉は，無意識もしくは意識以前の世界であり，そして，「瞬き」の瞬間とは作者が意識世界に戻ってきたことを意味する．イタチは作者の「瞬き」を合図として〈魔法にかけられた時間〉を解除したのである．そのことを悔いるのである．「野生」の世界に行きたかった願望をもつこの作者は，イタチと一緒に「野生の生命」の世界に行くために，そのまま「野バラの茂みの中」に潜り込んでイタチに化身して，野バラのもとで生きたいと願望したのである（野田，2007）．

　人間の生と野生動物（イタチ）の生のあいだには，根源的な差異が見られる（表4-2）．作者はその差異から，「イタチとの遭遇」に野生を欠落させた人間の抱く「野生の生命」への憧憬や人間の生への批判的まなざしを描こうとしている．それは，自然主義的態度（表4-1）であり，現代社会から逃れて自然のなかにひたることで得られる野生に戻りたいという姿勢そのものといえる．「イタチは必然を生きており，私たちは選択を生きている」（ディラード）．人間は，「選択」の世界で生きている．生き方はいくつもあって，その選択肢のなかからある生き方を選ぶことができる．よって，生きることの絶対的な根拠の希薄な世界に生きており，必然の世界から「自由」になった．人間は，生きていることをつねに意識を通じて内省し，その意味や価値を「整理」し，「つながり」を考えている存在である．すなわち，「生き甲斐」や「生きている意味」を考える動物であり，「選択」を生きている．一方，野生動物（イタチ）の世界は，「身体感覚にしたがう純粋な生命活動」であり，「いま-ここ」を一刻一刻生きている存在である．そのため人間のような明確な意識過程を持たな

表4-2 動物と人間の世界の差異.（野田, 2007より改変）

動物	人間
無意識（=「魔法の瞬間」）	意識（反省的認識）
野生（自然的直接性）	文化（非自然的間接性）
無秩序	秩序
必然（=絶対）	選択（=自由）
感覚	観念
沈黙（非言語）	言語

いので,「必然」にしたがって生きるために生きている．それはまた，無意識の「完全なる自由＝必然の共生」に身をゆだねて生きているといえる．その「必然の共生」は，あたかも悠々と流れる大河（「全体生」）のようであり，人間は，その河面のそこかしこに現れる泡のような「個別生（個別の意識された生）」を生きているのかもしれない．個々の泡（「個別生」）は河の流れ（「全体生」）とともに動き，それぞれの時間でもって消えて，その河に取り込まれていく．人間は，「個別生」にとらわれるのではなく，「必然の共生」によって生かされている「全体生（いのちの共生）」に気づく必要がある（→第2章2.4(2)）．

ところでカーソンは，月のない晴れた夜に友達とふたりで岬に出かけたときの夜空の光景を見て，「わたしはかつて，その夜ほど美しい星空を見たことがありませんでした．わたしはそのとき，もし，このながめが一世紀に一回か，あるいは人間の一生のうちにたった一回しかみられないものだとしたら，この小さな岬は見物人であふれてしまうだろう」と述べている．すなわち，「いま-ここ」＝現在の瞬間に，夜空の光景を目にして，宇宙の広さのなかに心を解き放ち，漂わせ，宇宙の美しさに酔いながら，いま見ているものが持つ意味に思いをめぐらし，驚嘆することもできると，「センス・オブ・ワンダー」を研ぎ澄ませることの重要さについて述べている．ここでの「いま-ここ」は，「イタチとの遭遇」とは違い,「いまみているものがもつ意味に思いをめぐらす」明確な意識過程による内省の時間である．そこには，「環境はわたし（主体）を含まないが，宇宙はわたしを含めすべてのものを含む」という心も宇宙と一体となった「わたしの感性」が読み取れる．そして，この「宇宙観」は，わたしたちの命はこの宇宙の一部であるという「生命観」につながる（→第5章5.2(3)）．カーソンは，夜の海辺で大洋の荒々しい力のまえに，たった1匹で立ち

向かっている小さなカニのかよわい姿（生命）を目にして，その哲学的な思いから時間が止まったように感じている．この「いま-ここ」において，カニの存在は，彼女が入り込むことのできない崇高な世界であり，明確な意識過程でその世界を感じているのも，「センス・オブ・ワンダー」という感性なのである．

カーソンは，シュヴァイツァーから思想的な影響を受けて，生命へのかぎりない崇敬の念を抱いているとともに，「自然界における直接的な経験」を通して，自然や生物の本質を意識のうちに対象化して，「自然の力」や「生命の力」としてとらえている．また，ソローもライチョウの雛の目に野生の持つ「自然の叡智」を経験的にとらえているが，ともに生態学的態度による観察を通して気づく，明確な意識と経験による「センス・オブ・ワンダー」の世界である．その一方で，ディラードは，生存の本質を〈魔法にかけられた時間〉によってとらえるとともに，現代人が抱える問題から発せられる自然主義的態度により，野生への回帰をイタチとの出遭いに求めている．彼女の感性からすると，この出遭いによる〈魔法にかけられた時間〉は，無意識における「センス・オブ・ワンダー」の世界といえるだろう．

5 環境問題を考える
——カーソンの意思を受け継ぐ

5.1 環境問題は人間問題

(1) 労務災害（職業病），公害，環境問題

「環境問題は人間問題」（村上陽一郎）といわれるが，環境問題は，環境の側の問題というよりは，むしろその原因となっている人間の側の問題であるといえる．たとえば，温暖化問題は，「政治問題として」，「人口問題として」，「倫理の問題として」，「エネルギーの問題として」の「人間問題」の見方が可能である（北野，2009）．

ところで，日本は，過去において世界でも稀な公害の深刻な発生を見てきた．そのうち，窒素酸化物（NO_x）や硫黄酸化物（SO_x）などによる大気汚染，水俣病やイタイイタイ病などの重金属汚染のような生産や流通過程から直接排出される有害な化学物質による公害を「フロー公害」とよび，健康被害をおよぼした化学物質の発生を抑制することで解決することが可能である．ただし，胎児性水俣病患者に対する救済措置などの対策を引き続き講じる必要がある．

その一方で，DDT や PCB をはじめとする有機塩素化合物などは，残留蓄積性が高いために使用禁止となった現在でも，土壌など環境中に蓄積し続けている．このような過去に使われていた有害な化学物質や，これまでに蓄積した産業廃棄物（後述のアスベストなど）による公害は，「ストック公害」とよばれ，現在，深刻な問題になっている．これは，フロー公害と違い，長期にわたって被害をもたらすだけでなく，汚染者が廃業していたり，被害者がどこで被害を受けたかわからないという点で，いままでにない困難な問題を含んでいる．じつは，温暖化も同じくストック公害と見なすことができる．すなわち，産業革命以来蓄積してきた二酸化炭素が，その問題のひき金になっているからである．米環境保護局（EPA）は，すでにこのような二酸化炭素などの温室効果ガスを

ヒトの健康に有害な大気の汚染物質（人間活動によって環境中に放出され，残留性が高く，放出量が莫大である物質）に認定している．よってストック公害は，生産，流通，消費に伴う公害，廃棄物公害であり，生態系や人体内に蓄積された有害な化学物質が原因で引き起こされるもので，長い時間の経過の下で被害が明らかになるタイプである．

　2005年にアスベスト製造工場における労働者の健康被害に端を発したアスベストによる災害も，ストック公害の1つである．アスベストの直接曝露による労働者の健康被害（労務災害；労働者が業務に起因して被る災害であり，この場合の業務は石綿曝露作業）が，労働者のみならず，石綿製品製造工場周辺住民にまでおよぶことが明らかとなり，社会的関心が高まった．アスベストは，もともと天然に産出する繊維状の鉱物の総称で，酸やアルカリの影響を受けないうえ，耐熱，絶縁，吸音などに優れていることから「奇跡の鉱物」とまでいわれ，建材や壁への吹きかけなどさまざまな用途に用いられた（ベネフィット）．その一方で，「静かな時限爆弾」といわれ，繊維を吸入することで，肺がんや胸膜にできるがんの一種，中皮種などを引き起こす．中皮種は潜伏期間が30-40年と長く，発がん性のリスクが高いことが明らかになっている（リスク）．さらに，アスベスト災害については，生産に伴う労務災害（職業病），流通，消費に伴う公害，アスベスト含有建材が使用された建築物の解体・改築工事に伴う廃棄物公害も考えられることから，生産，流通，消費，廃棄の経済活動全過程にわたって，健康被害を引き起こす可能性がある．このような複合的な公害のことは「複合型ストック公害」ともよばれる（宮本，2006）．

　アスベストによる健康被害の発生は，直接人間曝露（→第2章2.2(1)）の吸入ルートによるもの（職業病）であるが，それ以外にも，アスベストを使った建物の取り壊しのときにアスベストが大気を汚染して，それによって住民が吸入して，職業病と同様な健康被害を被ることがある．よって，アスベスト災害は，「労働環境」から「生活環境」へとリスクが広がる可能性があり，今後は，職業病から公害・環境問題へと発展することが懸念されている．

　ここで，職業病，公害，環境問題のそれぞれで，各人のリスクの大きさとリスクを受ける人口はどの程度かを，おおまかに示したのが図5-1である．職業病は，労働環境の問題であるが，現在の世界が抱える環境問題は，広域環境問題[*]であり，生活環境の問題である．また，公害は，労務災害ほどではなくて

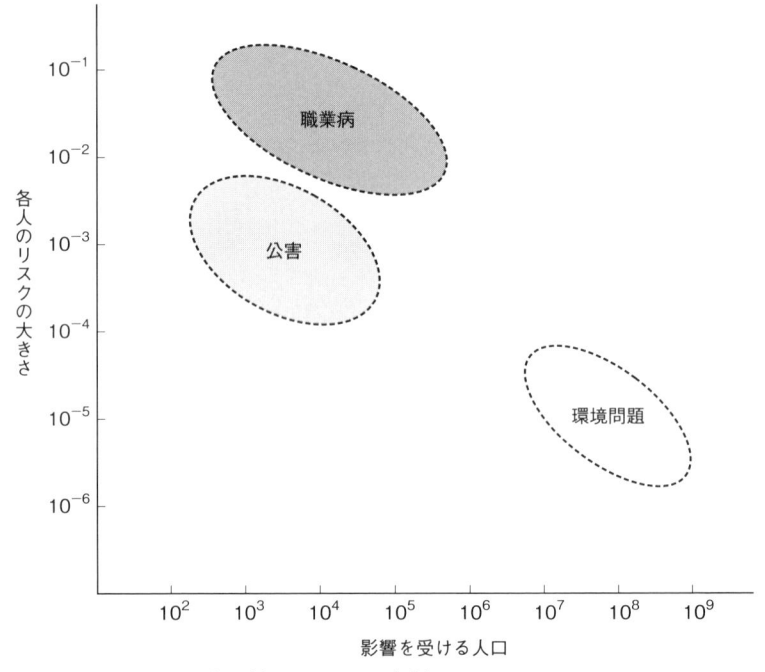

図 5-1 環境リスクの分類.（中西，1994 より改変）

も各人が受けるリスクは大きいが，水俣病の不知火海沿岸のように影響を受ける地域は局所的である．影響を受ける人口も温暖化などの環境問題に比べればそれほど多くはない．

リスクを考える場合，1 つは特定の個人が通常の人に比べ大きなリスクを受けるような場合，もう 1 つは，集団としてのリスクを受ける場合で，集団リスク＝〈各人の受けるリスクの大きさ〉〈影響を受ける人口〉をかけ合わせた積の値が，集団としてのリスクの大きさである（中西，1994）．この値が大きければ，人類として無視できないリスクである．そこで，集団リスクについて，

＊現在，日本をはじめとする先進国や新興国，さらには開発途上国が直面している環境問題は，広域環境問題であり，それは，さまざまな商品の大量消費が主たる原因で起きることが特徴である．公害に比べると有害物質の量は少ないが，国全体，世界全体が汚染される危険性が高い．たとえば，環境水の農薬汚染，越境する酸性雨，POPs（残留性有機汚染物質→第 2 章 2.3）による海洋汚染などがこのなかに入る．

第5章 環境問題を考える 141

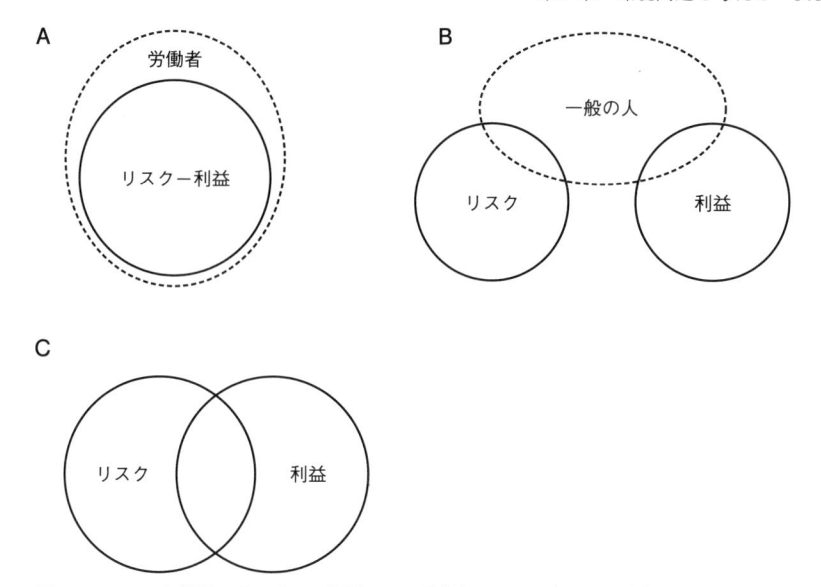

A 労働者 リスク—利益

B 一般の人 リスク 利益

C リスク 利益

図5-2　リスクと利益の受け手との関係．A は職業病，B は公害，C は環境問題のそれぞれの場合を示している．（中西，1994より改変）

　リスクとベネフィット（利益）の受け手の関係を示すと図5-2のようになる．職業病は，公害より集団リスクの値が大きいが，公害や環境問題では許されないような大きなリスクが許容されている．化学物質に関する労働環境許容濃度も一般環境よりも高く設定されている．それは，リスクを受ける各人（労働者）が，それによって賃金という見返りを得ているからである．公害患者は，国から補償認定を受けるのに困難な場合もあるが，それに対して，職業病患者は，比較的容易に労災認定を受けることができる．よって，職業病の場合は，前述のように，それぞれの労働者が高いリスクを受けているものの，賃金という利益を享受していることから，リスクと利益は重なり合っている．

　公害の場合は，一般の人（たとえば，日本人）の一部の被害者と加害者（企業）のあいだのリスクと利益の関係がはっきりとしている．被害者は利益を享受せず（たとえば，漁業従事者における水俣病患者），一方的に被害だけを受けることが多い．この場合の利益の受け手は，企業になる．そして，被害者はリスクが完全にゼロになることを要求し，原因企業，あるいは行政などに対して賠償のための訴訟を起こし，被害者救済措置を要求することになる．影響を

受ける個人リスクの大きさは，環境問題に比べ甚大であるが，日本人全体の集団のリスク値が環境問題より大きいとはかぎらない．ただ社会的な問題としては，各個人リスクが高いこと，被害者がリスクに伴う利益を享受していないことから，解決が急がれねばならない．

一方，環境問題では，たとえば，電気や自動車の利用などによる温室効果ガスの排出によるリスク（温暖化）と利益の受け手は，ほぼ一致しており，多くの場合，利用している住民全体が，被害者であり加害者にもなっている．

これまでの健康被害にかかわる公害や事件は，突出した排出源による明確な有害物質による被害である公害（足尾銅山鉱毒事件，水俣病など）や，事故というかたちで顕在化した事件（カネミ油症事件，森永ヒ素ミルク中毒事件など）であり，その後の法律の制定（→次節）や環境規制により解決へと向かった．一方の温暖化など環境問題は，排出源が多様で，かつ，被害が（急激に生じないという意味で）顕在的にならない不確実な問題であることから，「不確実性（リスク）を伴う環境問題への対処が今日の環境政策への重要な課題」（「環境基本計画」）となる．これには，「環境リスク（→次節）」，「汚染者負担の原則」，「環境効率性」，「予防的な方策（予防原則[*]；科学的に確実でないということが，環境の保全上重大な事態が起こることを予防する立場で，対策を実施することを妨げてはならない）」（大竹・東，2005）という4つの考え方が，環境政策の指針とされている．

(2) **環境リスク——健康リスクから生態リスクへ**

「人の一生は環境への適応の一生である」といえる．人（ヒト）以外の生物は，物理的な自然環境（光，気温，湿度，大気，水，土壌，ほかの生物など）への適応にかぎられているが，人については，それら自然環境への適応はもより，人間社会がつくりあげてきた慣習や規範・制度（法律など）や生活様式（ライフスタイル）などの文化的な社会環境への適応が重視される（飯島，1984）．すなわち，人間は「間（この場合は，自然環境と社会環境のこ

---

[*]たとえば，「生物多様性条約」（→第1章1.1(2)，第5章5.1(3)）の前文には，「……生物の多様性の著しい減少または喪失のおそれがある場合には，科学的な確実性が十分にないことをもって，そのようなおそれを回避しまたは最小にするための措置をとることを延期する理由とすべきではないことに留意し……」とある．

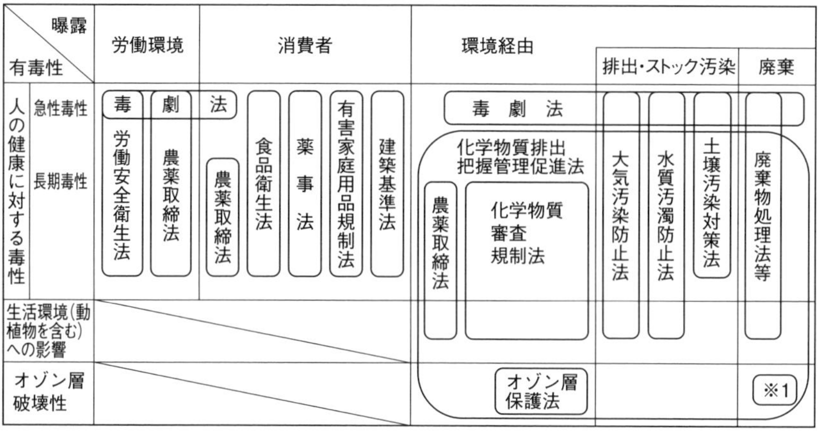

図 5-3 化学物質に関するわが国のおもな法令. ※1：フロン回収破壊法などにもとづき，特定の製品中に含まれるフロン類の回収などにかかわる措置が講じられる．（環境省, 2009 より）

と）」との関係（つながり）を持ち，文化的な社会環境に適合するためにつねに学び続ける必要がある．「環境問題は人間問題」であるとすれば，環境問題を解決するには，「人間問題」を解決しなければならない．その手段の1つに国の政策による解決が考えられる．国の政策とは政府の施策であり，施策とは対策を施す（実地におこなう）ことであり，対策とはなんらかの問題に対する方策（法律に定められている手段や方法）である．なんらかの問題＝環境問題に対する方策を施すことが環境政策になり，なんらかの問題＝化学物質問題に対する方策を施すなら，化学物質政策になる．そして，これらの方策を施すための法律が必要となる．毒性にもとづく化学物質規制に関する諸法令（律）の位置づけ（図5-3）から，ヒトの健康だけでなく生態系への影響を考慮した環境経由の長期（慢性）毒性を対象としている法律に，「農薬取締法」，「化審法（化学物質審査規制法）」，「化管法（化学物質排出把握管理促進法）」の3つがある．それぞれ，1962年カーソン『沈黙の春』の出版による農薬問題（→1971年「農薬取締法」改正），1968年カネミ油症事件（→1973年「化審法」制定），1997年コルボーンら『奪われし未来』の出版による環境ホルモン問題（→1999年「化管法」制定）など，有害な化学物質が社会問題化されることで，法律の改正や制定がなされてきた．

そもそも，法（律）とは「矛盾を含みそれによる対立がある社会に無矛盾の

規範を持ち込んで，対立の発生を抑止し，あるいは発生した対立を解消しようとする」ために制定されるものである．すなわち，「矛盾」とは，「一定の事象を同一の観点から同時に，一方が肯定し他方が否定する場合の両者の関係」，たとえば，「アスベストは企業には利があるが，労働者や地元住民の健康には害がある」ということである．「対立がある社会」とは，「企業と住民とが対立（利害）関係」にあることであり，たとえば，「水俣病公害訴訟，アスベスト災害による対立関係」である．「対立の発生を抑止」とは，事前に規制すること（事前対策）であり，ここでは，後述の「農薬取締法」，「化審法」，「化管法」などによる化学物質に対する規制のことである．また，「発生した対立を解消」とは，事後に救済すること（事後対策）であり，たとえば，「メチル水銀やアスベストなどによる人的被害（水俣病，中皮腫など）」について，「被害者救済措置法」による解消である．

　まず，「農薬取締法」は，不正粗悪な農薬の流通を防止し，農薬の品質の保持向上を図るために1948年制定された．それに登録されている農薬は約550種類あり，その出荷量は年間約30万トンにもおよんでいる．第二次世界大戦後，農薬に対する安全性に対する考え方が不十分であったことや，『沈黙の春』で紹介されたDDTをはじめとする残留性の高い有機塩素系殺虫剤や，急性毒性の強い有機リン系殺虫剤（パラチオンなど）の使用などによる農薬の生態系への影響や，食品への残留性が大きな社会問題となり，毒性および残留性についての安全性確保に関して，強い社会的要請があった．

　そこで，それら毒性や残留性の高い農薬を規制するため，1971年に改正された．すなわち，申請された農薬は，農作物の残留性，土壌中の残留性，水産動植物に対する被害，水質汚濁性などの登録保留基準を満たしているかどうかの審査をおこない，登録の保留または，使用法の変更により登録が認められることになった．法律の第一条の目的に「この法律は，農薬について登録の制度を設け，販売及び使用の規制等を行うことにより，農薬の品質の適正化とその安全かつ適正な使用の確保を図り，もって農業生産の安定と国民の健康の保護に資する，と共に，国民の生活環境の保全に寄与することを目的とする」と明記されているように，農業生産の安定を図る一方で，ヒトの健康および生活環境（生態系）の保全を図ることを目的としている．

　ここでの保全とは，安全*を保つことであり，安全とは，「ヒトの健康およ

び生活環境」におよぼすリスクが小さい（ゼロではない），つまり，ヒトの健康および生態系におよぼす農薬のリスク（健康リスクと生態リスク）を低減する（＝安全を保つ）ことである．健康リスクとは，ヒトの健康によくないことの起こるおそれ（可能性，確率）であり，生態リスクとは，動植物の生態（成長や繁殖）によくないことの起こるおそれである．これら2つのリスクを合わせて環境リスクとよぶ．多くの場合，化学物質がその原因になっており，環境リスク≒化学物質のリスクと考えてよい．

　現在，わが国では使用量の少ない化学物質も含めて5万種類程度が日常使われているが，このうち環境中で分解されにくく，生物濃縮されやすいと考えられる化学物質の利用と管理は，慎重におこなわれる必要がある．カネミ油症事件をきっかけに，難分解性で生体への蓄積性が高いPCBなどの化学物質による環境汚染が，知らず知らずのうちに広がり，ヒトの体内への蓄積が始まっていたことが反省された．そこで，新規に製造・輸入する化学物質（新規化学物質）の安全性を審査する仕組みを定めた法律，「化審法」が1974年に施行され，化学物質の使用前チェックの体制ができあがった．当初，ヒトの健康を損なうおそれ（健康リスク）がある化学物質による環境汚染を防ぐため，企業（事業者）が提出した新規化学物質の安全性データを国が審査する世界初の事前審査制度だった．2004年の改正では，化学物質が生態系におよぼす影響を考慮し，生態系を保全する必要性が社会的に認識されたことから，環境中への放出可能性を考慮した審査制度も創設し，ハザード（毒性の強さ）にもとづく規制から，実際のリスク（毒性の強さ×曝露量）の大きさに注目した規制へと移行している．

　また，動植物への毒性（生態毒性；柏田，2004）として，化学物質が魚類

＊安全とは，科学的根拠をもって国が定める（客観的に判断される）ものであり，法制度による規制などのリスク管理（リスク低減）をおこなうことで守られるものである．しかしながら，規制で守られるのは，最低限のレベルである．したがって，現実には生活者ひとりひとりが，物事を「リスクレベル（大きさ）」で判断する考え方を取り入れることが大切である．一方，21世紀の社会は安全と安心の社会にすることが求められているが，安心とは個人の理解と納得にもとづく主観的な判断に依存するものである．カーソンが，「とにかく《知る権利》が私たちにある」と述べているが，ここで大切なのは，従来のように国だけにリスク管理を任せるというのではなく，正確な情報のもとで，事業者や一般市民，そして自治体関係者など，社会全体としてリスクコミュニケーションによる安全と安心のためのリスク管理をおこなっていくという姿勢である（村山，2006）．

（メダカ），甲殻類（ミジンコ），藻類（単細胞緑藻類）に示す毒性を調べることになった．これらの生物は，水系食物連鎖における上位の動物（高次消費者），下位の動物（一次消費者），光合成をする植物を代表する生物（生産者）である．「化審法」の規制の対象となる化学物質は，①難分解性（環境中の微生物による自然の作用で分解されにくく，環境中に残りやすい性質を持っているかどうか，②高蓄積性（生物の体内にたまりやすい性質を持っているかどうか），③ヒトへの長期毒性（継続して長期間取り込むと，ヒトの健康を損なうおそれ［健康リスク］があるかどうか），④生態毒性（動植物が育つのに支障をおよぼすおそれ［生態リスク］があるかどうか），の4つの特性から「特定化学物質」と「監視化学物質」に分類される．①は，微生物の作用をあまり受けずに分解されにくい化学物質で，②は，生物濃縮係数（→第2章2.2(1)）の大きい化学物質のことである．たとえば，これらの化学物質のうち，①「難分解性」かつ②「高蓄積性」の化学物質を「第一種監視化学物質」（38物質，以下，2010年4月1日現在），これに③「ヒトへの長期毒性」（ラットなどの実験動物による慢性毒性）や④「生態毒性」（高次捕食動物への毒性）が確認された場合は，「第一種特定化学物質」（DDT や PCB などの殺虫剤や難燃剤など28物質）に指定して，製造・輸入の禁止，ならびに特定用途（代替が困難であり，ヒトまたは生活環境動植物への被害が生ずるおそれがない用途，たとえば，試験研究用途など）以外の使用を禁止する．一方，欧州連合（EU）で2007年に施行された REACH（化学物質の登録，評価，認可および制限に関する規則）は，既存化学物質にも新規化学物質と同様の安全確認を義務づけた．

　こうした動向を受けて，わが国は，2009年5月の「化審法」の改正では，おもな改正点として，①新規化学物質だけでなく，「化審法」制定以前からの既存化学物質も対象にすべての化学物質のリスク評価を進めていく体系への転換，②化学物質の有害性だけでなく，ヒトや動植物に対するリスクをベースにした管理への移行，③化学物質の製造段階だけでなく，使用，加工，廃棄の各段階（サプライチェーン）への管理の拡張，があげられた．

　「人間問題」を解決する手段として，国の制定する法律（国内法）以外にも，国の枠を超えた国際的な条約（国際法）による解決が必要とされる．そのうち，化学物質政策についてのものとして POPs（残留性有機汚染物質）に関するス

トックホルム条約（POPs 条約）がよく知られている（枡田・北野，2009）．2001年5月にストックホルムで開催された外交会議で採択され，2004年5月発効（調印国約150カ国）されている．対象となるPOPsは，国境を越えて広い地域を移動（難分解性，長距離移動性）し，地球規模の海洋汚染をもたらしている．そのため，北極のホッキョクグマやアザラシから検出されるなど，生物の体内に蓄積（脂溶性が高く，高蓄積性，生物濃縮係数が，原則5000以上）する特性を持つ．

同条約の発効の時点では，このようなヒトの健康のみならず生態系に対する悪影響を有する物質として，DDT，PCB，クロルデン（殺虫剤），ダイオキシンなど有機塩素化合物の12物質を対象に，その製造・使用の禁止・制限，排出の削減，廃棄物の適正処理やストックパイル（在庫・貯蔵物）の適正管理などの措置を加盟各国に義務づけている．また，2009年5月に有機塩素化合物（有機塩素系農薬4種類と工業製品1種類）以外に，有機臭素系難燃剤（3物質）とフッ素系界面活性剤（PFOS）の合わせて9物質が追加された．

いずれも，塩素以外のハロゲンを含む有機化合物であること，農薬類と異なり日常生活のさまざまな局面で使用され，室内曝露の機会が多いことなどが特徴としてあげられる．そのうちPFOSは，1948年に製造されて以来，撥水・撥油性を有するという物性から，消火剤，消泡剤，カーペット，ワックス，印刷紙，液晶，ボード防汚・保護剤などさまざまな用途に用いられてきた．水溶性の新規汚染物質であり，通常の浄水処理や下水処理で除去することができない．発がん性や慢性毒性などが疑われており，2002年になって，世界中の野生生物からPFOSが検出されると，同年には，経済協力開発機構（OECD）などの勧告によって，主要メーカーはその生産を中止した．なお，PFOSは2010年に化審法の「第一種特定化学物質」に追加されている．

POPs以外にも水銀，鉛，カドミウムといった重金属（汚染物質）により，国内でも水俣病，イタイイタイ病といった公害病に端を発して，排出規制がおこなわれるとともに，使用削減も進められてきた．国際的な化学物質対策として，国連環境計画（UNEP）では，POPsのつぎに水銀などの重金属がその取り組みの検討対象となり，新たな「水銀条約（水俣条約）」の2013年制定に向けた議論が進められている（早水，2010）．

「健康は空気と水から」といわれる．化学物質の環境中への排出源は，自動

車からの排出，工場や家庭からの大気や河川・海域への排出・廃棄などであるが，大気，土壌，水などの環境媒体を通して，野菜，肉・乳製品，飲料水，魚介類などの曝露媒体を通して，化学物質はヒトに摂取される（曝露される）．よって，「化審法」で特定の化学物質の輸入，製造の規制をおこなっても，環境中にどのような化学物質がどれだけ排出されているかはわからない．

そこで，それに対応するために，「化管法」が1999年に制定された．この法律にもとづくPRTR制度とは，「ヒトの健康や生態系に有害なおそれがある化学物質について，環境中への排出量及び廃棄物に含まれての移動量を企業などの事業者が自ら把握して行政庁に報告し，さらに行政庁は事業者からの報告や統計資料を用いた推計に基づき排出量・移動量を集計・公表する制度」のことで，毎年，どんな化学物質（対象化学物質）が，どこから，どれだけ大気，水・土壌に排出されているかを知るための仕組みである．PRTRとは，pollutant（汚染物質），release（排出），transfer（移動量），register（届出）の略称である．これまで市民がほとんど目にすることのなかった化学物質の排出に関する情報を国が1年ごとに集計し，公表する制度で，わが国だけでなく諸外国でも導入が進んでいる．この制度は，情報公開をおこない，国，事業者と市民によるリスクコミュニケーション（化学物質による環境リスクに関する正確な情報を関係者で共有しつつ，相互に意思疎通を図ること）により，化学物質のリスクに関する理解の共有を図ることで，事業者はもとより市民にも化学物質の排出の自主規制を促すことを目的としている．

PRTR制度の対象化学物質には，ヒトの健康を損なうおそれ（健康リスク）があるか（ベンゼンなど），動植物の繁殖や成長に支障をおよぼすおそれ（生態リスク）があるか（環境ホルモンであるノニルフェノールなど），オゾン層を破壊する性質があるか（ジクロロフルオロメタンなど），のうちのいずれかの有害性の条件にあてはまり，かつ，環境中に広く継続的に存在するものを第一種指定化学物質（462物質，2009年11月21日改正）として排出量・移動量の届出が必要とされる．そのうち，石綿，エチレンオキシド，カドミウムおよびその化合物など，ヒトに対する発がん性があると評価されているものについては，特定第一種指定化合物（15物質）とされる．届出における国内の年間排出量は，大気へ排出されるトルエンやキシレンなど溶剤であるVOC（揮発性有機化合物）が上位を占めている．

「化審法」などの法制度やPOPs条約に見られるように,「健康であるためには生態系が健全でなければならない」という理念のもと,化学物質問題の解決のためには,ヒトの健康リスクだけでなく,自然の生態リスクを考慮した取り組みがなされてきた.カーソンが『沈黙の春』で,化学物質のヒトへの発がんのおそれについて取り上げたように,これまでの法制度においても発がん性のリスクが重視されている.また,このようなヒトの健康リスクと並んで,化学物質の生態系への悪影響のおそれ(生態リスク)にも着目していたことが,その後の法制度の制定・改正や条約の発効を促すことになった.アル・ゴア(Albert Arnold Gore, Jr., 1948-)米国元副大統領が,『奪われし未来』の序の一節で,「レイチェル・カーソンが声を大にして呼びかけてくれていたおかげで,私たちは米国民の生命を守るために新たな政策を展開することができた(1996年1月22日)」と述べているように,農薬をはじめとする化学物質のヒトの健康や生態系への悪影響を告発した『沈黙の春』が,アメリカ国内のみならず,その後の世界の環境政策の羅針盤の役割を果たしてきたといっても過言ではないだろう.

(3) これからの環境問題——人間-生態系の視点で

近年,南極棚氷の大規模な崩壊,アラスカ氷河の融解,中国,ロシア,ヨーロッパの洪水,また,アジア,アフリカ,アメリカ,オーストラリアの干ばつなど世界各地で気象異変が報じられている.国内においても,夏の高温と地域的には集中豪雨にも見舞われ,異常気象が頻発している.一方,オゾン層破壊はいまだに続いており,また,温室効果ガスの発生も急速に増加を続ける新興国をはじめ,世界全体では増加の一途をたどっている.

このように地球規模で広範囲に見られる異常気象や環境破壊は,いずれも人間活動の急激な量的拡大,質的変化が地球上のさまざまな生態系に過大な負荷をかけていることが根本的な原因となっている.さまざまな生態系と人間活動の相互作用によって環境問題は生じていることから,それら人間活動とのかかわりを持つ生態系を人間-生態系とよぶ.「環境問題は人間問題」であるように,環境問題は,人間-生態系で起きている人間の問題であり,主体である人の環境(人が,ある時・空間との「つながり」を意識したとき,その時・空間は環境として認識される)と同様に,人間(主体)により認識された生態系(人間

-生態系)で起きている出来事である．たとえば，水俣病は，不知火海という沿岸の人間-生態系で起きた事件である．公害から環境問題へと発展する過程で，人間-生態系も局所的な地域に密着した生態系から，地球規模の生態系の認識へと変化していった．そして，生態系を時空間軸でとらえると，過去における人間-生態系における問題は，公害であり，現在の人間-生態系では，その問題の解決と地球規模の環境問題の克服に迫られている．

　今後，未来の人間-生態系に向けてそれら環境問題を解決していかなければならない．化学物質の問題で考えると，過去の化学物質（たとえば，有機塩素化合物）が，現在から未来の人間-生態系へと蓄積される．すなわち，コルボーンらが，『奪われし未来』のなかで指摘したように，ある化学物質は，未来世代の人間-生態系の「有毒の遺産（hand-me-down poisons）」にもなりうるのである．ここで，環境問題の特徴をまとめるとつぎのようになる（須藤ほか，2003）．

①それぞれの環境問題が相互に関連している．またそのなかで，先進国や新興・開発途上国との関与の仕方が著しく異なる．
②空間的広がりが大きく，国を越えた規模で現れる．
③時間的スケールが長く，将来世代まで影響を与える．
④環境問題の原因は，人口増，都市化，工業化といった人類の生存や活動そのものである．
⑤これまでにない新たな事象が現れ，それぞれの事象が複雑に絡み合って環境問題が著しく多様化している（問題群化）．
⑥ヒト以外の生物，生態系への影響が大きい．
⑦不確実性を伴うことは避けられないが，明確になってからの対応では間に合わない（温暖化など）．
⑧対応や対策がきわめてむずかしい（不確実性）．

　このような環境問題のうちで，たとえば，海洋生態系と，海洋汚染（陸上や船舶からの廃棄物，油，POPsなどの有害物質の廃棄，船舶の座礁事故などにより引き起こされるもの）や野生生物種（ここでは，漁業生物種）の減少をもたらす漁業や海上交通，鉱物資源の利用など，高度な経済活動（人間活動）と

第 5 章　環境問題を考える　151

のあいだで生じる相互作用を考慮し,「人間問題」として包括的な視点から海洋の諸問題に対処していく必要が認識されてきた．すなわち，海洋にかかわる多様な問題に対処していくためには，人間活動が海洋生態系におよぼす影響を包括的に把握し，統合的な視点から管理していくことが重要である．そのために「生態系に関する考慮を組み入れた人間活動の管理の取り組み」として，海洋において「生態系アプローチ」の適用が図られ，先駆的な取り組みとして評価されている（大久保，2010）．

　生物多様性条約（1992 年採択）は，生態系を「植物，動物及び微生物の群集とこれらを取り巻く非生物的な環境とが相互に作用して一つの機能的な単位をなす動的な複合体」と定義し，その多様性の保全を目的の 1 つとしている．生態系アプローチは，この条約のもとでの行動のための第一義的な枠組みと位置づけられている．つまり，生態系アプローチの原則として，生態系の構造と機能の保全，生態系の機能の範囲内での管理，適切な時間・空間的尺度を持った管理など，生態系の特性への対応だけでなく，管理目的は社会的な選択であることや，管理の分権化，経済的文脈における人間-生態系の理解と管理，保全と利用の適切なバランスの模索，関係者の参加など，人間活動を管理する際のガバナンスに関する原則が多く盛り込まれている．

　国際連合食糧農業機関（FAO）は，国際的な議論をもとに，責任ある漁業のための行動規範（1995）と漁業への生態系アプローチに関する技術指針（2003）をそれぞれ策定した．行動規範では，生態系の考慮に関する一般原則として，生態系および関連・依存漁業生物種の保全，最良の科学的証拠への立脚，予防的アプローチの広範な適用，環境影響の最小化などをあげている．技術指針では，生態系アプローチの目的は，将来世代が海洋生態系から恩恵を享受する選択肢を損なうことなく，多様な社会のニーズに対応する漁業の計画と実施であるとして，生態系の特質への対応だけでなく，統合的な漁業管理，多様な社会の目的のバランスの確保など，ガバナンスに関する原則をも含む内容となっている．

　このように生態系アプローチは，人間-生態系における人間活動の管理に主眼をおいた取り組みであり，未来の人間-生態系に向けて現在の環境問題を解決していくための手段の 1 つと考えられる．今後，海洋以外にもさまざまな環境問題に生態系アプローチを適用する場合，より望ましい行動規範や技術指針

の策定のためには，その判断にかかわる自然観や社会観などの根底にある哲学・倫理の確立がますます求められるであろう（→第5章5.2(2)）．

5.2 「べつの道」へ——新たな世界観

(1) 水俣病からロハスへ

第2章2.4(1)で，メチル水銀の沿岸生態系への影響（生態影響）は，経済-社会-（自然）環境のつながりから，水俣地域において2つの経済と社会が，不知火海という1つの環境につながることで引き起こされ，それが人の生命にかかわる水俣病の発生（健康被害）にいたったことを人間生態学から述べた．すなわち，「経済の成長」や「経済の効率性」など経済を最優先に考える社会における経済を基点とした，経済-社会-環境-人（生命）のつながりから水俣病の発生を見てきたが，それとは逆に，人の健康や環境を最優先に考える社会における健康を基点に，健康-環境-社会-経済のつながりについて，ロハス (lifestyles of health and sustainability; LOHAS) から考えてみたい．

ロハスとは，健康（健康であるということ）と環境に配慮した生活を大切にし，世界の人びとが共存共栄できる持続可能な社会と経済のあり方を望むライフスタイルのことである．ロハスな志向の人は，米国や欧州を中心に日本でもここ数年で増え続けており，衣食住からエネルギー，医療，レジャー，金融，教育，仕事や生き方まで，ロハスな社会現象が世界的に広がっている．環境白書（2003, 2006年版）でも，環境配慮型の生活様式として取り上げられた．

ロハスが社会現象とまでなったきっかけは，アメリカの社会学者ポール・レイ (Paul Ray) と心理学者シェリー・アンダーソン (Sherry Anderson) が，その著書 *The Cultural Creatives How 50 Million People Are Changing The World*（2000）で，全米の成人15万人を対象に15年間にわたって実施した価値観調査の結果として，健康や環境への意識の高い人びと (cultural creatives; CCs) の存在（全体の約30％）を報告したことに始まる (Ray and Anderson, 2000)．CCs とは，「文化的な創造者」という意味であるが，「新しい（ロハス的な）価値観を持った人びと」のことである．CCs は，自分の快楽（幸せ），生き残りだけを追求する大量生産，大量消費型社会とは一線を画し，持続可能な自然環

境と社会システムのもとで，すべての人びとが共存共栄できる社会を志向する「半ばは自己の幸せを，半ばは他人（ひと）の幸せを」（宋道臣）を掲げ，自己確立，自他共栄を説くものである．人の健康–（自然）環境のつながりから，「健康であるとは，生態系が健全であること」，つまり，人の健康（生命）は生態系によって支えられている，という生物多様性保全の考え方にも一致する．そして，生態系（自然環境）が健全であることで社会環境も健全であれば，それら自然環境と社会環境に支えられた経済もまた健全となる（資源の使用量も汚染物質の排出量も減らす循環型のグリーン経済への移行）．

　CCs の考え方，生き方は，自然・社会環境–経済のつながりから，「持続可能な地球環境や経済システムの実現を願い，そのために行動する」，そして，「金銭的，物理的な豊かさを志向せず，社会的成功を最優先しない」社会において，「人間関係を大切にし，自己実現に力を入れる」つながりを重んじ，「なるべく薬に頼らず，健康的な食生活や代替医療による予防医学に関心がある」とされる．それには，自分の心や体の状態に対する感度のよい「内的アンテナ」で感じること，「自分の尺度」で考えることが大事である．ところで，カーソンは，『沈黙の春』のなかで「べつの道」についてつぎのように述べている．

　　私たちは，いまや分かれ道にいる．だが，ロバート・フロストの有名な詩とは違って，どちらの道を選ぶべきか，いまさら迷うまでもない．長いあいだ旅をしてきた道は，すばらしい高速道路で，すごいスピードに酔うこともできるが，私たちはだまされているのだ．その行きつく先は，禍いであり破滅だ．もう一つの道は，あまり《人も行かない》が，この分れ道を行くときにこそ，私たちの住んでいるこの地球の安全を守れる，最後の，唯一のチャンスがあるといえよう．

　次節のネスによるディープ・エコロジーの「多様性と共生の原理」に通ずる「私たちのすんでいる地球は人間だけのものではない」との認識のもとに，カーソンは，かけがえのない生命と環境を守るための，新たな可能性の探究への努力を惜しんではならないと述べている．その新たな可能性として，ロハスの生き方は，かつてのアメリカをはじめとする先進国や現在の新興国が，経済活動に邁進するあまり，それを支えている環境を顧みない「すごいスピードに酔

うことのできる高速道路」から「べつの道」に向かうための1つのステップであると考えられる．その確かな未来に続く「べつの道」について，「道があるから人は行くのではなく，人が行くところが道となる」のだとすれば，今後の持続可能な「私たち」人類の将来を考えるうえでは，まず，最終的にどのような姿の到達点（未来）となるかを想定して，そのビジョンを設定し，そこに向かって現状の姿からどう進んでいくべきかという，いわゆる「バックキャスティング」という考え方が必要となる．そのためには，科学・技術だけでなく，人間観や世界観にかかわる哲学や思想が求められるであろう．

(2) エコ・フィロソフィを求めて——自己（Self）実現と共生

　エコ・フィロソフィのフィロソフィは哲学を意味するが，哲学を，大学という知の倉庫のなかで蓄積されるような，文字に書かれた文献研究という意味での哲学・思想研究のことを指すとすれば，環境危機という現実（石・沼田，2008）に生かすことはむずかしい．しかし，哲学にはもう1つの意味がある．「かれの哲学は，無益な殺生をしないことだ」というようないい方のなかの「哲学」であって，社会とのつながりにおいて，「ひとりの人間が採用する行為の大原則」という意味である．この「行為の大原則」は，行為の理念，ビジョンといってもよい．

　このような行為の理念やビジョンに対して，哲学・思想として語るべきものがあるかどうかが問題である．エコ・フィロソフィは，まさにエコ（環境）に対する行為の大原則を提案するための哲学的営みであると考えられる．『エコフィロソフィー——21世紀文明哲学の創造』（間瀬・矢嶋訳，1999）の著者であるヘンリック・スコリモフスキー（Henryk Skolimowski, 1930-）は，エコ・フィロソフィの特徴を，文献研究という意味での現代哲学と対比させつつ，表5-1のように12項目あげている．それら12項目は，曼荼羅のように円環的に関係し合っていると説かれている（竹村，2007）．

　エコ・フィロソフィの項目のうちには，前節の健康や環境に関するロハスの考え方と共通するものも見られる．今日，人間を取り巻く環境が深刻な危機に陥っていることは，さまざまに論じられているが，これらの問題を，地球，社会，人間の3つのシステムの問題として考えると，その解決への道はつぎのように4つにまとめることができる（竹村，2007）．

表5-1 エコ・フィロソフィと現代哲学の特徴.（竹村，2007より）

〈エコ・フィロソフィ〉	〈現代哲学〉
①生命中心	①言語中心
②関与的	②客観的（離脱的）
③霊的に生きている	③霊的に死んでいる
④包括的	④細切れ（分析的）
⑤知恵を追求する	⑤情報を追求する
⑥環境やエコロジーの問題に意識的	⑥環境やエコロジーの問題に忘却的
⑦「生活の質」の経済に関係する	⑦物質的進歩の経済に関係する
⑧政治に目を向ける	⑧政治に無関心
⑨社会的な関心が深い	⑨社会的に無関心
⑩個人の責任について声をあげる	⑩個人の責任について押し黙る
⑪超物質的な現象に寛容	⑪超物質的な現象に非寛容
⑫健康に配慮する	⑫健康に配慮しない

①科学・技術の進展による解決（省エネ・無公害技術などの開発．地球システム）．
②社会システムの変換による解決（循環型社会への移行．社会システム）．
③ライフスタイルの転換による解決（人間の欲望の抑止．行動レベル．人間システム）．
④人間観や世界観の確立による解決（生きる目標の自覚．思想レベル．人間システム）．

　問題は，まず，①の解決のためには，科学・技術をどの方向で用いていくのか，その根底には，人間はこれから「いかに生きていくか」を考えることが大切であろう．とすれば，そこには，④で見られる確かな人間観・世界観がなければならない．あるいはまた，③のライフスタイルを転換する（たとえば，ロハス）というとき，地球全体の資源がこれだけしかないから，窮乏生活をがまんせよという方向のみでは，スムーズな転換は望みがたいであろう．むしろ人に確かな人間観や世界観があるとき，内発的に自己の生き方を選び取っていくはずである．それは，②の循環型社会への積極的な参加を促し，あるいは科学・技術の方向性にも指針を示していくことであろう．そうした意味では，環境問題の根底に，④の人間観や世界観のための哲学・倫理を確立していくことは，きわめて重要である．
　カーソンが，『沈黙の春』で，「生命あるものをこんなにひどい目にあわす行

為を黙認しておきながら，人間として胸の張れるものはどこにいるであろう」と自然科学からだけではなく，道徳（倫理）からの問題を提起している．この場合の倫理（「習慣」を意味するギリシャ語 ethos という言葉に由来．習慣的な行動の指針となる一般的な信念，態度ないし標準；デ・ジャルダン，2005）は，現在では，環境倫理（人と自然とのかかわりを規定する掟）とよばれ，①自然の生存権の問題（たんに人格のみならず自然物もまた最適の生存への権利を持つ，生命中心主義），②世代間倫理の問題（現在世代は未来世代の生存と幸福に責任を持つ），③地球全体主義（決定の基本単位は，個人ではなく地球生態系そのものである），に関する3つの問題を扱っている（加藤，2005）．

こうした問題に対して，たんに技術的，プラグマティック（実利的）にアプローチするのみでなく，人間存在や自然存在の存在論的な構造の究明（生態学でもある），つまり，「自然とはなにか，人間とはいかなる存在か，自己とはいかなる存在なのか，自己と自然の関係はどのようか，自己と他者との関係はどのようか」などの究明をふまえて，そこから考察していくものでなければならない（竹村，2007）．それは，たとえば環境政策などにおける合意などにただちに結びつくものではないかもしれないが，その自覚や了解があって初めて，人びとの内発的な行動（ライフスタイル）につながる「いかに生きていくか」という意識や価値観の基盤も確立されると考えられるからである．「いかに生きているか」を知るのが，生態学の役割であるなら，「いかに生きていくか」を考えるのが，エコロジーの役割であろう．ここでは，環境倫理に関与するエコロジーの根底にある哲学・倫理をエコ・フィロソフィとよぶ．

エコ・フィロソフィは，現在の西洋哲学では，当初，ネスが提唱したディープ・エコロジーに取り入れられている．ノルウェーの哲学者アルネ・ネス（→第1章1.2(3)）は，「シャロウ・エコロジー運動と長期的視野に立ったディープ・エコロジー運動（*The Shallow and the Deep, Long-Range Ecological Movement*）」（1973）において，環境のなかに個々の独立した人間が存在しているというような原子論的な見方ではなく，世界というものを，網の目のごとく，相互に連関した個々の要素の連続体として関係論的に，また全体論的にとらえようとする，人間中心主義(homocentrism)ではなく，生命圏平等主義(biospherical egalitarianism)の立場をとる，生命の多様性（diversity）と共生（symbiosis）を求める，など，彼の主唱するディープ・エコロジーの7つの特性をあ

げている（竹村，2007）．

一般にディープ・エコロジーは，「人間にとっての有用性や利益と無関係に動植物・景観・原生自然には価値がある」と見るラジカルな生命中心主義（ecocentrism）を主張していると見られている．しかしながら，ディープ・エコロジーが追究している問題の基盤には，本来の自己の自覚の問題があり，哲学としてはこのことも欠かせないことである．合理主義哲学者であるネスは，オランダの哲学者バールーフ・デ・スピノザ（Baruch De Spinoza, 1632-1677）の影響を受けたほか，インドの宗教家マハトマ・ガンジー（Mohandas Karamchand Gandhi, 1869-1948）と禅の影響が大きかったといわれる．そのガンジーの主題は自己実現であり，しかもその自己は狭い個我にとどまらない，究極的・遍在的な自己のことであるという．その自己とは，世界の存在のすべてに関係し，同一性のなかにあるものだという．そこに，自我を超え出た世界に自己を見出している．こうした自己と世界の見方に対しては，科学としてのエコロジー（生態学）の知見も関与しているに違いない．

ネスは，『ディープ・エコロジーとは何か──エコロジー・共同体・ライフスタイル』（斎藤直輔・開龍美訳，1997）で，「『すべてがつながり共に存在する（共存）』という生態学の原則は，自己についても，また他の生物，生態系，生命圏，そして長い歴史を持つ地球に対する自己の関係についてもあてはまる」という．さらに，「ディープ・エコロジーは，人間以外の価値を扱うためのものでなく，むしろ自己の本性と可能性，あるいは，より大きな物事の成り立ちにおいて，私たちが誰なのか，誰になりうるのか，誰になるべきなのか，という問いを扱うためのものである」と説いている．

このディープ・エコロジーの立場を一言でいうと，「自己拡大にもとづく愛他の実践の拡大」というものである．カーソンが述べた「自然界では，一つだけ離れて存在するものなどないのだ．私たちの世界は，毒に染まってゆく」の「私たちの世界」とは，「拡大された自己＝自己（Self：深遠にして包括的なエコロジー的自己）」であり，自然界の一部になっているという認識の表れである．それはまた，「個別生（個別の意識された生）」を生きる自己（self）ではなく，「全体生（いのちの共生）」（→第4章4.3(3)）に生きる自己（Self）である．さらにネスは，自我（ego）・自己（self）・自己（Self）と自己了解が拡大し，その自然と一体である自己の了解は，おのずからあらゆる存在の自己実

現をよろこぶ生き方を実現していくというライフスタイルのもっとも根本にあるべきものであろうと述べている．それはまた，カーソンのいう，「不思議なことにわたしたちは，『センス・オブ・ワンダー』を働かせることで，心の底から沸き上がるよろこびに満たされた」経験につながるものであり，イギリスの哲学者にして経済学者のジョン・スチュアート・ミル（John Stuart Mill, 1806-1873）の考える「道徳的義務感とは関係なく選ぶよろこび」，すなわち，崇高な経験である「高級なよろこび」であって，人びとは，それを一度経験するまた経験したくなるというものである．このような経験から生まれる願望こそ，正しい道徳的判断の根拠であるという．

　ここで，「拡大された自己」のエコロジー的自己とは，身近な自然との自己同一化（自己同一視）体験により形成される自己である．ある意味で人はまさに生まれたそのときから，自然のなかに，自然の一部として，また自然のために存在しているといえる．社会や人間関係も重要であるが，自己の豊かさは，その形成にかかわるさまざまな人間以外の存在（たとえば，野生動物など他者の存在→第4章4.3(2)）との関係に負うところが大きい．よって，自己形成にかかわる関係は，ほかの人間や人間社会との関係（身近な人びととの自己同一化体験など）にかぎられるものではないのである．『センス・オブ・ワンダー』の冒頭にあるように，「ある秋の嵐の夜，わたしは一歳八か月になったばかりの甥のロジャーを毛布にくるんで，雨の降る暗闇のなかを海岸へおりていきました」と，カーソンが，ロジャーを幼少のころから自然のなかに連れ出したのは，このエコロジー的自己を体現させようとしたのではないだろうか．そして，幼児を持つ親たちにとっても，このエコロジー的自己を持ち続けることの重要さを説いているといえるだろう．

　以上，ネスに関する自己への見方およびそれにもとづく他者（人間以外の存在を含む）への愛のおのずからの実践を説く思想を見てきたが，自然の不思議さや神秘を「感じる」ことの重要性を説いたカーソンの「人間を超えた存在を認識し，おそれ，驚嘆する感性をはぐくみ強めていくこと」の永続的な意義は，このエコロジー的自己の形成にあるといえる．そのことで，生きるよろこびを感じ，生命の終わりの瞬間まで，生き生きとした精神力を保ち続けることができるのである．

　一方，間瀬啓允（1938-）は，『エコフィロソフィ提唱——人間が生き延びる

ための哲学』(1991) で，エコ・フィロソフィを，「環境問題にまつわる種々の基本的な問題を提起する哲学である」と定義を与えて，「私自身の問題意識は，とくに自然と人間のあいだにおける」調和という点にあるとしている．生物学的な用語でいえば，『エコシステムにおける自然と人間の共生』ということになるだろう．（中略）生きている大きな自然と人間を包む生命体の相互連関，相互依存性ということを認識する有機体論的な哲学というものが，これまで以上に強く求められることになるであろう」と述べている．従来，環境問題をめぐる哲学・思想の世界では，キリスト教の人間の自然に対する優位の思想（キリスト教的自然観）が告発され，自然の生態系を価値の中心とする思想（エコセントリズム ecocentrism）が喧伝されたりもしたが，ネスのディープ・エコロジーのみならず，東洋の自然観や人間観などの世界観を掘り下げて，自然との共生をどのように実現するかの思想的基盤を，十分な論理性をもって確立することである．それは，カーソンの「自然の力」への「おそるべき力」，ソローの「自然の叡智」への「人間の叡智」のそれぞれ目指すべき調和の問題ともいえよう．

　一方，現世代の人間と未来世代の人間との共生という観点から，世代間倫理の問題への視点が得られるであろう．さらに，人間と人間の共生，人間と自然の共生全体を見渡していくなかで，地球全体主義（決定の基本単位は，個人ではなくて地球生態系そのものである）の問題を考えていくことができると思われる．とすれば，「共生」は，エコ・フィロソフィに通ずる環境倫理が提起している諸問題を考察していく際の，1つの重要な立場になると考えられる．なお，近年，「自然共生社会」などに用いられる「共生」という言葉は，自然の保護，または整備を通じて社会における経済活動と自然環境を調和させることと，環境基本計画（1993）で定義されている．

　これまで，生態学とエコロジーについて見てきたように，自然（物）が「いかに生きているか」は，生態学における「共存」の問題であり，人間が「いかに生きていくか」は，エコロジーにおける自己実現のための「共生」の問題であるといえる．そのためのエコロジーの根幹にあるのが，エコ・フィロソフィといわれる哲学・倫理である．そこでの主要な課題は，自然と人間を二元論的に理解しようとする立場に対して鋭く批判的な考察を与えることであり，自然と人間のあいだに成り立ちうる倫理の基礎づけを与えることである．

そこで，エコ・フィロソフィの視点から，いま，必要とされているエコに対する行為の大原則を提案するとすれば，少なくともつぎの3点ではないかと考えられる．第一は，自己（self）の「個別生」という考えを捨てて，「必然の共生」に生きる「全体生（いのちの共生）」という考え方に転ずること．第二は，自然における生命の位置，あるいは，生命観を見定めて，全体にエコシステム（生態系）的な考えに転じること．そして第三は，質を重んじる生活，金では買えない非物質的な価値を尊重する生活（たとえば，ロハス）に転じることである．なお，第二の「生命の位置（生命観）を見定める」ことに関して，鈴木貞美（1947-）は『生命観の探求』（2007）で，「自然観，社会観など，あらゆる世界観の底には必ず『生命観』がひそんでいる」，「『さまざまな人間の観念の営みをトータルにとらえるための装置』と見なしうる『生命観』という基本軸を設定することによって，さまざまな分野に分断されている多くの世界観を比較検討し，それら相互の対立と関連，上位と下位の関係や，その変化を明確にすることができる」と述べている．たとえば，カーソンは，「子どもたちといっしょに宇宙のはてしない広さのなかに心を解き放ち，ただよわせるといった体験を共有することはできます．そして，その宇宙の美しさに酔いながら，いま見ているものがもつ意味に思いをめぐらし，驚嘆することもできるのです」（カーソン，1996）という宇宙観を語っている．この宇宙観も生命観につながる．すなわち，夜空のどこかの星の死によって，宇宙空間にまき散らされた元素が，いまのわれわれひとりひとりの生命を支えている．そしてわれわれの死によって，それらの元素は大地や空気の一部に戻る．さらに，50億年後に太陽系が消滅すると，星々の元素は再び宇宙に返り，新しい星の一部になる．われわれひとりひとりの生命は，宇宙の一部であるという「生命観」に行き着く．「死んだら星になる」というのも，はるかに長い時間スパンで考えればあながち嘘ではなさそうである．なお，人（環境に含まれない主体）が環境を認識する（→第5章5.1(3)）のが自己（self）であるなら，人（宇宙に含まれる生命）が宇宙の一部であることに気づくのが自己（Self）である．

(3) **生態学・エコロジーから「ニュー・エコロジー」へ**

これまで生態系への人間活動のかかわりについて，生態学などの環境科学では客観的データにもとづく研究が，ネイチャーライティング（→Box-7）を対

象とする文学研究ではそれらデータにもとづく思想的・哲学的な研究がおこなわれてきた．日本生態学会では，1990 年代から，生物多様性の保全，健全な生態系の維持と再生などを目的に人間-生態系（→第 5 章 5.1(3)）における保全生態学研究の取り組みがなされている（1996 年に保全生態学研究会発足）．一方のネイチャーライティングは，アメリカでは 1980 年代から，日本でも 1990 年代から，それぞれ文学・環境学会（ASLE）において，人間-生態系における文学研究の取り組みがなされている（1994 年に ASLE-Japan/ 文学・環境学会発足）．環境問題は，人間-生態系という社会における問題であることから，「社会の中の環境科学，社会のための環境科学」（大垣眞一郎）であるように，環境研究も，社会（人間活動）と密接なつながりを持った研究として取り組むことが肝心である．これまでに生態学とエコロジーの観点からカーソンの著書を読み解くとともに，エコロジーの根幹にあるエコ・フィロソフィについても考えた．そこで，ここでは，人間-生態系における環境研究のための生態学とエコロジーを根底とする新たな「知の枠組み」に関して，つぎの 5 つの点から「ニュー・エコロジー」を提案したい．

ニュー・エコロジーは，
・生態学とエコロジーを根底とする新たな「知の枠組み」である．
・異種・異質の研究分野の「協働」により，新たな「気づき」を「見える化」につなげる研究の枠組みである．
・環境研究と社会を密接に結びつける研究・普及・啓蒙への一連の過程である．
・生命観を見定めるためのエコ・フィロソフィを提示する．
・〈場所〉をめぐる生態系と人間活動の望ましい関係を創出するための統合化された研究領域である．

「環境問題は人間問題」であるように，環境研究も生態学をはじめとする自然科学系研究だけでは不十分で，人文・社会科学系研究との統合された「知の枠組み」が必要と考えられる．そこで，自然科学系研究と人文・社会科学系研究との「協働」により，それぞれ個別化していた研究をアドホックに統合化することを考える．ここでいう「協働」とは，「異種・異質の研究分野（ここでは，自然科学系研究と人文・社会科学系研究）が，共通の社会的な目的（環境

問題の解決）を果たすために，それぞれのリソース（専門的知識や研究手法）を持ち寄り，対等な立場で，協力して共に働く（研究する）こと」（萩原，2010）である．つまり，「協働」とは，異なった考え方，アイデア，イメージ，発想法が出会い，切磋琢磨することにより，既成概念にとらわれない新たな考え方，手法を生み出しながら結果として地域課題や社会的課題を発見・解決するところに意味があり，多様性こそが変革を生むという価値観にもとづいている．そこに中心はなく，安定的に固定化されたチームやネットワークでもない．むしろ，それは複雑・多様な社会のニーズ（環境問題の解決）にそのつど応答し，流動的な状況のなかで即興的に協働する，仕事（研究）や実践（啓蒙・普及）の柔軟な形態のことである．そこで，ニュー・エコロジーでは，異種・異質の研究分野の根底に生態学とエコロジーをおき，固定化されない関係性のなかで編み出される環境研究が，持続可能な社会（加藤，2011）や地域づくりには不可欠であると考える．また，「協働」により，個別研究では気づかなかった新たな「気づき」が生まれ，そこから，さらに地域における文化と言語によって形成されるエコ・フィロソフィ（先見的なパースペクティブ）の展開へとつながる．

　ここでは，例として「生態系と人間活動の望ましい関係の創出」を目的に，自然科学系研究として，地域生態学による研究を，人文・社会科学系研究として，ネイチャーライティングの研究，ならびに地域生態学の手法とかかわりのある環境芸術*（多田，2010）を取り上げる．生態学（理系）とエコロジー（文系）を文学（芸術）に展開したカーソンは，まさに「文理芸の人」といえ

---

*人間活動と環境との持続可能な関係を修復・再生・創造する，対話と協働をプロセスとする芸術．国内では，世界の環境芸術をリードする先駆的なアーティストのひとりとして，国内外で高く評価されている池田一（1943-）が知られる．彼は，25年以上にわたって，水環境保全の問題について地球規模の倫理観（倫理的な意識）を高め，人びとが向かうべき方向（「自然共生社会」小宮山ほか，2010）を提示することを目的とした，「水ピアノ」(1984-1986),「水鏡」(1987-1988),「80リットルの水箱」(2003-)や「地球の家（「矢形の水広場」や「緑の書斎」など）」(2010-)など数々のパブリック・パフォーマンスやインタラクティブなインスタレーションを展開してきた（Boetzkes, 2010）．すなわち，彼は"earth ethic（地球の倫理）"について，これら作品（環境アート）を通して「見える化」しているのである．また，これら環境アートは科学性と人間性を重視している．カントの言葉に擬えれば，「科学性のない環境アートは盲目であり，人間性のない環境アートは空虚である」といえるだろう．これからの国内外における環境アートの広がりに期待したい．

るが，これらの「協働」による研究は，文理芸の融合による環境研究の1つととらえることができる．なお，環境芸術は，環境研究を社会と密接に結びつけるための「見える化（可視化）」の手段でもあり，それはまた，社会への啓蒙・普及につながる環境教育（鈴木，2008）へと展開することができる．地域生態学は，人間と地域環境のかかわりを，生態学的視点から分析・総合・評価し，人間にとって望ましい地域環境を保全し，創出する手法を考える研究領域である（武内，1991）．地域環境とは地域的広がりを持った総合的環境であり，その全体像を解明するためには，分析中心の手法から，総合化を目指した手法へと，大きく転換する必要がある．一般に，自然科学系の研究では，対象をより小さな要素へと分解し，要素ごとの特性を分析し続けることで，いずれはそれが集大成され，1つの大きな全体の構造の解明が図れるという前提で，研究が進んできた．しかし，それには限界があり，むしろ，初めから総合的なアプローチをとることが重要であるというのが，地域生態学の基本的な考え方である．同時に地域生態学では，生態系そのものの構造・機能の解明に重点をおくこれまでの生態学以上に，地域環境の質を評価し，望ましい地域環境の形成を目指すことが目標である．また，その地域に住む人間との関係から，この地域環境とは，「場所の感覚」（→第4章 4.3(1)）に見られる「場所」を意味する．この「場所」の形成を考えるときの視点の1つは，守るべき保全の視点であり，もう1つは，修復・再生という言葉に代表される，創出の視点である．生態系と調和した「場所」を保全し，創出することが，地域生態学に求められる．

　一方，これまでにカーソンをはじめソローやディラードなどのネイチャーライティングを見てきたが，それぞれの国の文化や歴史，それに，その地域に住む人びとの思考過程は，それぞれの固有の言語と深く結びついており，それが文学（ネイチャーライティング）によって表現されている．それは，自然をめぐる価値観の形成に深くかかわり，自然・環境と人間社会（地域）との関係を探求する文学である．また，その地域の生物の多様性により，その地域の文化の多様性は生まれ，地域の文化は，その地域の固有の言語と深く関係している．たとえば，日本における俳句は，季節とともに移りゆく自然の源泉である生物多様性を日本語という言語によって簡潔に表現している．このように，ある地域と密接に結びついて形成されるネイチャーライティングは「場所の詩学」（スナイダー，2008）であり，「場所」の文学とよべる．同様に地域生態学は

「場所」の科学，環境芸術は「場所」の芸術とよべるだろう．これら，ある共通の「場所」（たとえば，人間活動と密接なかかわりのある里山，里川や里海など）をめぐる異種・異質の研究分野の「協働」により，その根底にある生態学とエコロジーの枠を一時的に拡張することで，新たな「気づき」へとつながる．このような一連の研究過程が，ニュー・エコロジーの目指す枠組みである．この枠組みが，社会への啓蒙・普及のための環境芸術や環境教育などによる「見える化」を指向することで，市民が共有できる学問的にも社会的にも外に向かう「開かれた生態学・エコロジー」になると考えられる．さらに，ある「場所」における「協働」により，統合化された環境研究による「気づき」から生まれるパースペクティブ（新たな概念づくりや価値観，そのための倫理観）の提起，すなわち「場所化」により，自然観や人間観などの世界観を通して，さらなるエコ・フィロソフィの構築（構造化）とともに，その根底にある生命観にもとづく環境教育の実践にもつながる．このようにニュー・エコロジーは，新たな知の枠組みにとどまらず，未来に向けて「生命の位置（生命観）を見定める」エコ・フィロソフィを提示するものである．

レイチェル・カーソンの思想と環境教育

鈴木善次

　この小論はレイチェル・カーソンの思想と環境教育の関係を論じるものである．読者のみなさんはカーソンの思想については本書を読み進めるなかで，ご自分なりの「カーソンの思想」像を描かれていると思う．しかし，「環境教育」についてはどうであろうか．なかには小・中学校，高校時代に「環境教育」（あるいは「環境学習」）という名のもとで自然観察，川の水質調査，空き缶やペットボトルなどのリサイクル，あるいはビオトープづくりなどの活動を経験された方もおられると思う．その際，この教育の幅広さに驚いたり，戸惑いを感じたりしながらご自分としての「環境教育」像をつくられたのではないか．そこでまず，私なりの環境教育論を述べてみよう．

環境教育とはなにか

　私は"環境教育は究極的には人間にとって，より望ましいライフスタイル，大きくは文明のあり方を考え，その実現のために行動する「力」を身につけることを目指す教育である"と考えている．しかし，ここには一般的な環境教育の定義（「環境」や「環境問題」へ関心を持ち，理解を深め，「環境問題」の解決，未然防止のための「力」〈技能・態度・実行力など〉を身につける教育）に登場する「環境」，「環境問題」という言葉はない．その代わりに「ライフスタイル」や「文明」（私は「文明とは人びとが集中して生活する都市化したライフスタイルである」と定義している）という言葉を用いている．では，この両者の関係はどうなのか．そのためには「環境」や「環境問題」という言葉の意味を正確に理解しておく必要がある．

　私は"「環境」とは「環境主体の周囲に存在する事象（事物・現象）のなかで，その環境主体とかかわりをもつ事象」である"と理解している．ここで「環境主体」とは「誰々にとっての環境」というときの「誰々」（ほかの生物の場合は「何々」）のことである．すなわち，「環境」は「環境主体」が存在して

初めて成り立つ概念であり,「環境」という言葉を使うときには,そのときの「環境主体」を明確にする必要がある.たとえば,「地球温暖化」は「環境主体」が存在しなければ,たんに現象にすぎない.それと「かかわり」をもつ人間なりほかの生物なり(すなわち「環境主体」)が現れることによって「地球温暖化」はその「環境主体にとっての環境」になるし,その「かかわり」が「その環境主体」にとって好ましくないとき,「地球温暖化」は初めて「その環境主体にとって環境問題」となる.「地球温暖化」を好ましい(と考える)「環境主体」にとってはなんら「環境問題」ではないのである.

いわゆる一般的にいわれる「環境問題」への「エゴ」的態度(自分と直接関係がないと「本気」にならない)が生まれるのはそのためである.じつは,環境教育は,その「エゴ」的態度を「エコ」的態度(自分もその環境主体の一員であると認識し,行動に移る)に変えることを目指す教育ともいえる.

そこで人類の歴史を振り返ってみよう.人類誕生以来,時代や地域ごとに自分たちの周囲にある事象〈初めのころは主として自然的事象,後にはそれをもとに自分たちでつくりだした人為的事象〉と「かかわり」,それらを「環境」とし,その「環境」に適したライフスタイルを編み出してきた.しかし,その間に「環境」が変化し,食料不足,外敵からの攻撃,暑さ寒さなどさまざまな「環境問題」が生じ,それまでのライフスタイルでは対応できなくなった.過去に残されてきた多様なライフスタイル(大きくは文明)はそのときどきの「環境問題」解決の姿でもあったといえる.

このように「環境問題」は人類史上つねに存在していたのであり,けっして現代特有のものではない.しかし,いま私たちが直面している環境問題はかつてのように1つの地域のライフスタイルの変更などで解決しうるものでなく,地球上の広い範囲で多くの人びとが享受している現代のライフスタイル,すなわち科学文明が抱える問題である.その意味から初めに示したように環境教育の目指すものを大きくとらえる必要があると考えているのである.

カーソンの科学文明批判

では,一方の「カーソンの思想」とはどのようなものであろうか.私は「カーソンの思想」の中核をなすものとして「科学文明に対する批判的精神」を位置づけたい.カーソンの代表的な2つの著作『沈黙の春』と『センス・オブ・

ワンダー』を読み比べると，前者ではDDTを代表とする農薬の危険性を訴え，後者では自然に対する感性の大切さを訴えていて，一見，別々のように思われるが，いずれもそこには科学文明に対する批判的精神が読み取れる．

科学文明とはご承知のように19世紀ごろからヨーロッパを中心に登場した文明であり，その特徴は科学的に物事を考えることはよいことであるという17世紀に誕生した近代科学の価値観が人びとに共有され，また，さまざまな科学技術が日常生活のなかに広く深く浸透しているということである．多くの人びとはこの科学文明が与えてくれる便利さ，快適さ，物的「豊かさ」などに満足し，この文明を歓迎してきている．

カーソンはその科学文明を批判的にとらえている．ただし，全面否定でないことはいうまでもない．科学文明の1つの特徴である「科学的」に考えることについては肯定している．カーソン文学の海シリーズの1つである『われらをめぐる海』の全米図書賞受賞式講演でも，科学の目的は真実を発見し解明することであり，その成果を広く人びとに伝えることが大切であると述べている．『沈黙の春』はその具現であり，多くの「科学的」データを用いて農薬に関する知識を広めようとしたものである．

では，なにを批判しているというのだろうか．それは科学文明のもう1つの特徴である科学技術に対しての考えで示されている．ご承知のように科学技術とは科学が生み出す知識を用いて開発される技術のことであり，農薬もその1つの例である．カーソンは，その科学の成果を実用化するとき，いいかえれば科学技術を開発するとき，どのような科学技術を，何のために開発し，それをどう使うかということなどを問題にしたのである．

科学技術は確かに人びとの生活にメリットを与えてくれるが，デメリットももたらす．たとえば，農薬は「害虫」からの農作物の被害を減らしたり，農民の作業を軽減したりする一方で，農民の体を蝕んだり，ほかの多くの生きものの命を奪ったりする．カーソンは『沈黙の春』のなかで「技術文明」という言葉を使って，こうした「安易な技術主義」を批判している．いうまでもなく，ここでいう「技術」は「科学技術」を指しているので，「技術文明」は「科学文明」としてもよいであろう．

ところで，この批判の背後にはカーソンの自然観が存在している．アメリカ科学振興会のシンポジウムで発表した海辺の動植物の生態に関する論文のなか

で，そこに生息する生物は単独では意味をもたず，それらはおたがいに複雑に織りあげられた全体構造の一部分であるという指摘をしている．これは最近，しばしば語られる「自然を1つのまとまりとしてみる立場」である．「安易な技術主義」がそのまとまりを無視しているところを批判しているのである．

その過ちをなおすにはどうするか．もう一度，自分たちの仲間であり，生活基盤である「自然」を見つめなおし，「自然」との付き合い方を学びなおすことである．その第一歩が「自然に対する感性」を身につけることである．私は『センス・オブ・ワンダー』からカーソンのそのようなメッセージを感じる．読者のみなさんはどうであろうか．

再び環境教育を考える

先に私は，環境教育の究極的な目的が人間にとって，より望ましいライフスタイル，文明のあり方を考え，その実現のために行動する「力」を身につける教育であると指摘した．じつは国際的にも「環境教育」が扱う対象が広がっている．初めのころは「大気」，「水」，「資源」，「エネルギー」，後に「食料」などがその対象であったが，1997年ギリシャのテサロニキで開かれた「環境と社会に関する国際会議（持続可能性のための教育とパブリックアウェアネス）」では，「環境」，「貧困」，「平和」，「人権」など幅広く取り上げる必要性が指摘された．私からみるとすべて「環境」，そして「ライフスタイル」，「文明」という概念に含めることができるものである．「平和」と対置される「戦争」は最悪の「環境問題」であるし，「貧困」は主として「政治や経済などに起因する環境問題」であるなど．そうなると，まさに「ライフスタイル」，「文明」の問題である．

そして，2002年南アフリカのヨハネスブルグで開かれた会議で日本から提案された「持続可能な開発のための教育の10年」（DESDと略称）という活動を2005年から始めることが認められた．以来，国の内外で，望ましいライフスタイルとして「持続可能な社会」が掲げられている．したがって，環境教育も「持続可能な社会の構築」を目指すことになろう．そのためには，どのような内容を，どのような方法で学習するのかを検討する必要がある．

カーソンは，そのヒントを『沈黙の春』，そして『センス・オブ・ワンダー』，あるいは『海辺』，『われらをめぐる海』などによって示してくれている．すで

に紹介したように,『沈黙の春』からは現代の科学文明を問いなおすことの必要性が浮かび上がる.そうなると,「持続可能な社会」の構築という視点で「科学」や「科学技術」を考える学習内容やその機会の提供が求められることになろう.初めに紹介した「ペットボトルの回収」活動は「持続可能な社会の構築」につながるものといえよう.

『センス・オブ・ワンダー』などからは,人間環境の基盤としての「自然」に関する学習にとっての資料や考え方が提供される.そのなかでも『センス・オブ・ワンダー』からは「自然」とのかかわり方の第一歩（感じることの大切さ）を学ぶことができる.「自然観察」はその1つの機会であるし,「ビオトープづくり」も含めて,自然にかかわる活動をする際にはカーソンも指摘した「自然を1つのまとまりとする」目を育て,人間中心的な安易な技術主義のライフスタイルに陥らないようにする「力」を身につけるよう心がけてほしいものである.アメリカでは『センス・オブ・ワンダー』の思想を取り入れた環境教育のプログラム "Teaching Kids to Love the Earth" (1991)〈日本語訳『子どもたちが地球を愛するために――「センス・オブ・ワンダー」ワークブック』.山本幹彦監訳,人文書院,2001〉が開発され,アメリカばかりでなく,日本でも実践されてきている.私が所属しているレイチェル・カーソン日本協会が主催する自然観察会もその1つである.

いま,私たちは『沈黙の春』や『センス・オブ・ワンダー』などカーソンから学んだものを総合的にとらえ,それを生かし,これからの世代を担う子どもたちのためにすばらしい「環境」,ライフスタイル（文明）をつくることに寄与する環境教育活動を進めていく必要があるのではないか.

参考文献

鈴木善次「レイチェル・カーソンの思想と現代」（上岡克己・上遠恵子・原強編著『レイチェル・カーソン』ミネルヴァ書房,2007年所収）

鈴木善次「科学文明とカーソン,そして教育」レイチェル・カーソン日本協会編『「環境の世紀」へ――いま　レイチェル・カーソンに学ぶ』（かもがわ出版,1998年所収）

鈴木善次『人間環境教育論――生物としてのヒトから科学文明を見る』（創元社,1994）

（すずき・ぜんじ　大阪教育大学名誉教授）

レイチェル・カーソンとその文学

上遠恵子

　海洋生物学者でありベストセラー作家でもあったレイチェル・カーソン (1907-1964) の文学の特徴は，科学と文学との力強い合流といえるだろう．彼女の作品は，単行本としては，1941年『潮風の下で（*Under The Sea-Wind*）』(宝島社)，1951年『われらをめぐる海（*The Sea Around Us*）』(ハヤカワ文庫)，1955年『海辺（*The Edge of The Sea*）』(平河出版，平凡社ライブラリー)，1962年『沈黙の春（*Silent Spring*）』(新潮社)，1965年『センス・オブ・ワンダー（*The Sense of Wonder*）』(新潮社) の5冊である．短いエッセイは遺稿集『失われた森（*Lost Woods: The Discovered Writing of Rachel Carson*）』(集英社) に収められている．これらの作品は，真実を追い求める科学者の冷静な目と創造的な文学者の想像力，洞察力の合作で，詩情あふれる文章は多くの読者の心をとらえ，いまなお読み継がれているロングセラーである．

　私はレイチェル・カーソン研究をライフワークとして四十数年になるが，彼女の生涯を辿っていくと，このような著作を生み出していった環境にいくつかの大切なポイントがあるように思われるのである．そのなかの3つについて述べてみたい．

　①幼年期の自然体験と母親の影響
　②大学時代の自然科学への目覚め
　③才能を開花させる仕事との出会い

幼年期の自然体験と母親の影響

　1907年5月27日に誕生したレイチェルは，スプリングデールというアメリカのペンシルヴェニア州ピッツバーグから北東30 kmほどの田園地帯で育っている．彼女のまわりには森や草原，アレゲニー川が流れ，自然があふれていた．19世紀末から20世紀初頭にかけてアメリカでは自然学習運動がさかんに普及されていた．教師の経験もあり知的好奇心の強い母マリアはこの運動に共

鳴し，幼いレイチェルを連れて多くの時間を野外で過ごしていた．家のまわりの自然はまさにその実習フィールドだった．母親はどんな小さな生きものも無視せずじっと観察し，人間を含めすべての生きものがたがいにかかわり合いながら自然に依存して生きていることを体験的に教えてくれた．また，揺りかごにいるころからいろいろな本を読んでくれた．幼いレイチェルのこころには，物語を組み立てるのはおもしろいことなのだという気持ちが芽生えていった．父親に，自分で書いたお話と動物の絵を添えてプレゼントしたりしている．

こうして文学少女に育っていったレイチェルに大きな影響を与えたのは，『セント・ニコラス・マガジン』という子ども雑誌である．この雑誌は1873年に創刊され，「子どもたちが楽しむことができ，自分からもすすんで参加することのできる子どもの遊び場」であることを目指していた．母は掲載されている物語を何度も読み聞かせていたので，レイチェルは文字が読めるようになる前からこの雑誌に親しんでいた．どれだけの子どもがこの雑誌の影響を受けているかわからない．なかでも人気のあったのは「セント・ニコラス・リーグ」という投稿欄で，優れた作品には金バッジ，銀バッジが贈られた．投稿の常連で金バッジを獲得した子どものなかには，ウイリアム・フォークナー，E. B. ホワイトなどがいる．そして，1918年9月号にはレイチェル・カーソンが登場するのである．それは『雲のなかの戦い』という作文で，第一次世界大戦のパイロットの話で，自然を題材にした作文ではないが銀バッジだった．その後も投稿を続け，一年間に4回も掲載され，ついに金バッジと賞金10ドルも獲得し，リーグ欄の「名誉会員」に推薦されている．こうしてレイチェルの作家志望はますます強くなっていった．

大学時代の自然科学への目覚め

1924年，レイチェルはペンシルヴェニア女子大学（現，チャタム大学）に入学する．将来に備えて専攻は英文学である．ここで彼女は短歌，俳句といった日本文学にも接し，短い言葉のなかに美意識を凝縮する表現法を学んでいる．また，専門的な題材を読者のためにわかりやすく書き表すことが優れていること，実例やたとえ話の使い方が優れていることなどが教授たちから高く評価されていた．この執筆姿勢はベストセラー作家になっても変わらなかった．

しかし，2年生の後期に生物学の講義を受けたとき，彼女に決定的な転機が

訪れる．幼いときから慣れ親しんできた自然界の生きものたちの不思議を解く鍵が生物学のなかに秘められていることに気がついたのだ．迷いに迷った末，彼女は生物学を専攻する決心をした．

当時，女性は科学に不向きであると思われていたから，教授たちはこぞって反対した．レイチェル自身も，科学と文学は両立しないであろうと考えていたので，きっぱりと作家になる夢を封じ込めたのであった．そして，ジョンズ・ホプキンス大学大学院に進み，そのころ先端生物学であった動物発生学の研究に取り組んだ．彼女のマスター論文は『ナマズ（*Inctalurus punctatus*）の胚子および仔魚期における前腎の発達』というものだった．しかし，文学を諦めたとはいえ，彼女は詩や散文を女性雑誌や詩の月刊誌に投稿をしているが，掲載されることはなかった．

才能を開花させる仕事との出会い

1935年，父ロバートの死によって，母と2人の姪を養う責任が彼女の肩にかかってきた．研究者としての道を断念し，商務省漁業局に就職するのであるが，そこで与えられたのは，漁業局が提供しているラジオ番組「海のなかのロマンス」のシナリオ書きだった．海の生きものについて知識があり，しかも筆の立つレイチェルには願ってもない仕事で，放送は一年間続き，いずれも好評だった．

その後，局長のすすめによって全国誌「アトランテイック・マンスリー」に送った原稿が採用され，1937年9月号に「海のなか（Undersea）」と題して掲載されて，1920年代のベストセラー作家ヘンドリック・W.ヴァン・ルーンと敏腕編集者クインシイ・ハウの目にとまったのであった．彼らはさらに書き続けるようにと彼女を励まし，レイチェルも執筆への意欲を膨らませていった．海の生態を科学的な正確さと明快さをもって描き，自然の循環，リズム，相互の関連を自然との共生というビジョンで書き表すというテーマを見つけたのだ．

しかし，1951年に『われらをめぐる海』がベストセラーになったことでようやく執筆に専念できるようになるまで，魚類・野生生物局の広報誌編集長を辞めることはできなかった．また，第二次世界大戦後急速に発展した原子力をはじめ科学技術が人間を含めたあらゆる生命にもたらす影響についても危惧の念を抱き，多くの科学文献を読みこなしていった．それは，20世紀後半の

最大の問題提起の書であり環境問題を考える原点ともいうべき『沈黙の春』の執筆へ結びつく．レイチェル・カーソンの作品はすべて科学と文学のみごとな融合であり，センス・オブ・ワンダーという感性に支えられた生命を賛美する言葉で書かれている．

　　　　（かみとお・けいこ　レイチェル・カーソン日本協会会長）

おわりに

　カーソンは『沈黙の春』で,「明らかな徴候のある病気にふつう人間はあわてふためく. だが, 人間の最大の敵は姿をあらわさずじわじわとしのびよってくる（医学者ルネ・デュボス博士の言葉）」と述べている. 過去の公害のようにその変化が局所的に過度に急激に起こるとすれば, すぐに社会に顕在化し, その問題はわれわれの「目に見えるもの」になるだろう. 一方, われわれが「化学物質の海を漂っている」現在において,「目に見えないもの」が人間生活にじわじわと影響をおよぼしている. そこで,『沈黙の春』で読み取れる予防原則や代替原則, あるいは環境リスクの評価・管理の考え方は, これからもますます重要であり, 手遅れになる前に早く「気づく」ことが人間社会に問われている. たとえば, 化学物質について社会全体として推進すべき取り組みをあげるなら,「少しでも有害のおそれがあればヒトの健康と動植物を守るための対策をとること（予防原則）」,「有害な化学物質をより安全な化学物質に切り替えていくこと（代替原則）」,「子どもや胎児など化学物質の影響を受けやすい人びとを保護すること（環境リスク）」などである. そして, その人間社会を真に動かす基底にあるのは, 人びとの意識・価値観（なにが大切かの尺度）であり, それら価値観を形成するのが世界観である. エコロジーは, この世界観にかかわるもので, 人びとは「いかに生きていくか」, また「いかに行動するか」を求められている時代である.

　一方, カーソンは『センス・オブ・ワンダー』で, 破壊と荒廃へとつき進む現代社会のあり方にブレーキをかけ, 自然との共存という「べつの道」を見出す希望を, 幼いものたちの感性のなかに期待している. また, 人間は自然だけでなく, 社会に対しても「センス・オブ・ワンダー」のアンテナを働かせる必要がある. そして, 個人の感性と知性（知識や知恵）でもって, 自然と社会のなかで「いかに生きているか」を理解することが大切であり, さらに「いかに生きていくか」を判断するエコロジーが必要とされる.

本書では，生態学から「いま——ここ」に生きているという「共存」について学び，エコロジーの根底にあるエコ・フィロソフィから「いま——ここ」に生かされているという「共生」について考えた．またカーソンは，地球のすばらしさは生命の輝きにあると信じていた．「はじめに」で述べたように，21世紀はその生命が尊重される「環境と福祉」の世紀となることが期待される．そこで，現在の自然（地球環境の危機），人間（精神の危機），社会（ポスト冷戦構造の危機）における「重層する危機」にあって，あらゆる領域を統合的に横断する基本軸として，「生命観」をエコ・フィロソフィから問いなおすことがますます重要となるであろう．

ところで，カーソンの『沈黙の春』との出会いは，大学院を修了してから環境庁（現，環境省）での1年間の行政職の仕事を終えて，現在の国立環境研究所（研究職）で，「河川における農薬の生態系への影響に関する研究」を始めてからである．そして，いまから20年ほど前にレイチェル・カーソン日本協会を知り，生態学関連の研究以外にカーソンの文学をはじめとするネイチャーライティングの研究を始めることになった．その後，東京農工大学をはじめ，東京水産大学（現，東京海洋大学），東洋大学での6年間の学部学生を対象とした講義の教材に，カーソンと『沈黙の春』を取り上げ，いつのまにか自分のなかで，カーソンはもっとも尊敬できる人物のひとりになっていた．

そこで，3年後（2009年当時）には，『沈黙の春』の出版50年にあたるこの機に，これまでの講義内容をもとに生態学関連の教材を出版できないかという思いに駆られ，東京大学出版会に問い合わせた．国内でカーソンを取り上げるなら，東京大学（出版会）でありたいという一心からである．幸いにも編集部の光明義文氏は，以前からカーソンに，とくに「海の三部作」にご関心があり，その本の趣旨説明を快くお聞き入れくださり，その後，ありがたくも出版をお引き受けくださった．

また，本書を完成させるにあたり，以下の方々のご協力をいただいた．浅井千晶（千里金蘭大学准教授），青木優和（東北大学准教授），畠山成久（元，国立環境研究所上席研究官）の各氏には，原稿の校閲や議論を通し，誤りや不十分な点の指摘と文献の教示をいただいた．大山房枝（国立環境研究所高度技能専門員）氏には，原稿の全部について適切なコメントをいただいた．加藤健（レイチェル・カーソン日本協会事務局長），坂本正樹（富山県立大学講師），

河鎭龍（信州大学），大金義徳（東京農業大学），小神野豊（国立環境研究所高度技能専門員），早坂はるえ，ならびに勝山久美子（レイチェル・カーソン日本協会会員）の諸氏には，本書のために貴重な写真，ならびに原図を提供していただいた．そして，原稿の執筆から刊行にいたるすべての段階でスムーズに進めることができたのは，ひとえに編集部の光明義文氏のおかげである．以上すべての方々に厚くお礼申し上げる．

さらに，これまでの研究生活を振り返れば，大学では，満井喬（元，理化学研究所主任研究員），松本義明（東京大学名誉教授）の両先生との出会いに始まり，研究所では，岩熊敏夫（元，国立環境研究所部長），畠山成久（前出）の両氏をはじめとする所員のみなさんにお世話になった．また，初めての非常勤講師では，久野勝治（東京農工大学名誉教授），渡邉泉（同大学准教授），学位取得では，田付貞洋（東京大学名誉教授）の各先生にたいへんお世話になった．この場を借りてあらためてお礼申し上げる．

最後にカーソンの「べつの道」を思い，アメリカ東海岸に住むアーミッシュ（Amish）とよばれるドイツ系の人びとのことを紹介して本書の結びとしたい．ニューヨークからジョンズ・ホプキンズ大学のあるボルチモアに向かう途中の国道1号線を西に入ると，大穀倉地帯が広がっている（ペンシルベニア州ストラスバーグ）．そこで，アーミッシュの人びとは，馬車を使った昔ながらの生活を続けている．彼らの馬車に乗せてもらう．100馬力を超える車から，1馬力の馬車に乗り換えると，このスピードで生きることへの安心感が生まれる．年老いた無口な御者（馬車を走らせる人）が一度だけ口を開いた．「人間　急ぎすぎてはいけない　便利になっても　人間の本質は変わらない」と．そして再び，蹄と風の音だけが世界を包み込んだ．

さらに学びたい人へ

Mackenzie, A., Virdee, S. R. and Ball, A. S.（岩城英夫訳）(2001)『生態学キーノート』．シュプリンガー・ジャパン．

　初学者を対象とした生態学の教科書であり，その基本的内容を62の項目に分けて，各項目の最初に，ポイント（Key Notes）として，本題の内容を説明する短い文章（復習用チェックリスト）がついている．「生態学の10規則」には，生態学を学ぶうえでの心構えが述べられており，生態学に対する認識をあらたにすることができる．また，「保全」，「汚染と地球温暖化」，「農業の生態学」など応用生態学分野の基本的知識も得られるようになっている．

Cain, M. L., Lue, R. A., Yoon, C. K. and Damman, H.（石川統監訳）(2004)『ケイン生物学』．東京化学同人．

　大学初年度用の生物学教科書であり，挿入されているオールカラーの鮮明な写真やイラストは，この本を手にする読者をひきつけ，最後まで飽きることなくその興味を盛り上げる．全6部のうち，「第Ⅰ部　生命の多様性」，「第Ⅳ部　進化」，「第Ⅵ部　環境との相互作用」に生態学の基礎知識と方法論が網羅されており，生態学の入門書としてもお勧めの一冊である．また，各章の最後にはまとめと章末問題が掲載されているので，学生の自習にも最適である．

上岡克己・上遠恵子・原強編（2007）『レイチェル・カーソン』．ミネルヴァ書房．

　カーソン生誕100年を機に出版され，レイチェル・カーソン日本協会，文学・環境学会，日本ネイチャーゲーム協会に属する計12名の多彩な執筆陣によりカーソンの全体像をまとめた一冊．貴重な写真や図版も多く，カーソンの著書をはじめ，その生涯や思想について理解を深めることができる．

渡邉泉・久野勝治編（2011）『環境毒性学』．朝倉書店．
　環境汚染物質と環境毒性について，実証例にポイントをおきつつ解説した大学学部生や一般向けの入門書である．農薬，POPs，重金属などの大気・水・土壌における環境動態，毒性とその発現メカニズムや解毒・耐性機構，汚染浄化や法規について初学者にわかりやすく解説されている．化学物質の生態系への影響を理解するうえでも大いに参考になるであろう．

原田正純（1972）『水俣病』．岩波新書．
　水俣病研究の第一人者が綴る水俣病の発生から原因究明，胎児性水俣病，公害認定から訴訟にいたる経緯，そして今後に残された問題．「水俣病は終わっていない」ことをあらためて知る「水俣病の原典」とよべるコンパクトな一冊．

大森信，ボイス・ソーンミラー（2006）『海の生物多様性』．築地書館．
　サンゴ礁や熱水噴出孔の生物多様性，生物多様性条約など国際法の意義や，生物多様性保全のための予防原則の重要性などについて，平易な文章でわかりやすく紹介する．新しい生物多様性の教科書ともいえる良書である．

渡辺守（2007）『昆虫の保全生態学』．東京大学出版会．
　身近な生物であるチョウやトンボの生活史を通して，具体的な調査手法と保全事例を紹介しながら，背景となる方法論と生態学からみた保全の考え方の基礎をわかりやすく解説する．保全生態学に興味を持つ学生や研究者のみならず，広く社会一般の人にも価値ある一冊．

文学・環境学会編（2000）『たのしく読めるネイチャーライティング――作品ガイド 120（シリーズ・文学ガイド 7）』．ミネルヴァ書房．
　自然や環境破壊というテーマを表現した英米および日本文学 120 冊を選び，各作品を見開き 2 ページで，作品紹介，読み方，作家の履歴，読書案内，テキスト（原文）の引用を含め紹介するガイドブック．巻末にはネイチャーライティングのキーワードを説明した用語集なども付されており，自然と人間のよりよい関係を考えるための必読書．

引用文献

阿部晶（2001）環境政策．コミュニケーションズ．
足立直樹監修，企業が取り組む生物多様性研究会（2010）国内先進企業11社とNPO，自治体，大学が語る——企業が取り組む「生物多様性」入門．日本能率協会マネジメントセンター．
赤嶺玲子（1999）場所，共同体，故郷——石牟礼道子の環境思想．文学と環境，2: 66-75.
青木優和（2004）流れ藻葉上動物の生態．月刊海洋，36: 469-473.
有吉佐和子（1975）複合汚染．新潮社．
浅井千晶（2007）4 レイチェル・カーソンと海の文学．レイチェル・カーソン（上岡克己・上遠恵子・原強編），ミネルヴァ書房，49-61.
Bertness, M. D. (1999) *The Ecology of Atlantic Shorelines*. Sinauer Associates Inc.
Boetzkes, A. (2010) Facing the Earth Ethically. In *"The Ethics of Earth Art"*. University of Minnesota Press, 181-200.
ブルックス・ポール（2004）信念の表明．レイチェル・カーソン（ポール・ブルックス，上遠恵子訳），新潮社，395-399.
Cain, M. L., Lue, R. A., Yoon, C. K. and Damman, H., 石川統監訳（2004）第42章 生物間の相互作用．ケイン生物学，東京化学同人，630-655.
カーソン・レイチェル，青樹簗一訳（1974）沈黙の春．新潮文庫．
カーソン・レイチェル，日下実男訳（1977）われらをめぐる海．ハヤカワ文庫．
カーソン・レイチェル，上遠恵子訳（1987）海辺——生命のふるさと．平河出版社．
Carson, R. (1991) *Silent Spring*. Penguin Books.
カーソン・レイチェル，上遠恵子訳（1996）センス・オブ・ワンダー．新潮社．
Carson, R. (1998a) *The Edge of the Sea*. Mariner Books.
Carson, R. (1998b) *The Sense of Wonder*（再版）. Harper Collins.
カーソン・レイチェル，上遠恵子訳（2000a）潮風の下で．宝島社文庫．
カーソン・レイチェル（2000b）失われた森——レイチェル・カーソン遺稿集（レイチェル・カーソン，リンダ・リア編，古草秀子訳）．集英社．
コルボーン・シーア，マイヤーズ・ジョン・ピーターソン，ダマノスキ・ダイアン，長尾力・堀千恵子訳（2001）奪われし未来（増補改訂版）．翔泳社．
デ・ジャルダン・ジョゼフ・R., 新田功・蔵本忍編（2005）第2章 倫理学説と環境．環境倫理学——環境哲学入門，出版研，29-62.
ディラード・アニー，内田美恵訳（1993）イタチのように生きる．石に話すことを教える，めるくまーる，7-14.

江崎保男（2010）COP 10 と生物多様性をエコロジカルに紐解く（1）．環境技術，39 (8)：52-56.

蒲生昌志（2006）化学物質の健康リスク定量評価手法に関する研究．環境科学会誌，19：67-70.

Gullan, P. J. and Cranston, P. S.（2010）*The Insects: An Outline of Entomology*（第4版）．Wiley-Blackwell.

萩原なつ子（2010）持続可能な社会・地域づくりにおける社会関係資本と NPO．環境情報科学，39(1)：4-9.

原田正純（1972）水俣病．岩波新書．

原田正純（2006）1章　水俣が抱える再生の困難性――水俣病の歴史と現実から．地域再生の環境学（淡路剛久監修，寺西俊一・西村幸夫編），東京大学出版会，13-30.

早水輝好（2010）化学物質管理の国際的動向――水銀条約の制定に向けた議論．資源環境対策，46(12)：48-53.

林岳彦・岩崎雄一・藤井芳一（2010）化学物質の生態リスク評価――その来歴と現在の課題．日本生態学会誌，48：299-304.

堀内洋（2009）生物多様性条約第 10 回締約国会議に向けた国際的な動向と日本の取組．生活と環境，54(8)：7-11.

市川市・東邦大学東京湾生態系研究センター編（2007）干潟ウォッチングフィールドガイド．誠文堂新光社．

井田徹治（2010）生物多様性とは何か．岩波新書．

飯島信子（1984）環境問題と被害者運動．学文社．

生田省悟（2008）〈エコ〉が語りかけること．「場所」の詩学――環境文学とは何か（生田省悟・村上清敏・結城正美編），藤原書店，273-276.

井上健・湯本貴和編（1992）昆虫を誘い寄せる戦略――植物の繁殖と共生（シリーズ地球共生系　3）．平凡社．

石弘之・沼田眞編（2008）講座文明と環境 11　環境危機と現代文明（新装版）．朝倉書店．

石牟礼道子（1969）苦海浄土――わが水俣病．講談社．

磯部友彦・田辺信介（2010）臭素系難燃剤による環境汚染とヒトの暴露．水環境学会誌，32(11)：134-137.

岩熊敏夫（1994）6　食う者と食われる者の関係．湖を読む（自然景観の読み方 10），岩波書店，97-107.

泉邦彦（1998）化学物質と人類の未来．「環境の世紀」へ――いまレイチェル・カーソンに学ぶ（レイチェル・カーソン日本協会編），かもがわ出版，113-128.

泉邦彦（2004）有害物質小事典（改訂版）．研究社．

ジェフリーズ・リチャード，寿岳しづ訳（1939）わが心の記．岩波文庫．

上岡克己（2007）第 5 章　ヘンリー・ソローの自然観．環境倫理の新展開（シリーズ人間論の 21 世紀的課題 4）（山内廣隆・岡本裕一朗・上岡克己・木村博・長島隆・

手代木陽),ナカニシヤ出版,53-62.
上遠恵子(2004)レイチェル・カーソンの世界へ.かもがわ出版.
金澤純(1992)4　農薬の環境科学研究の必要性.農薬の環境科学——農薬の環境中動態と非標的生物への影響,合同出版,19-22.
環境庁編(1990)3　問題群としての地球環境問題.環境白書(総説)平成2年版,99-102.
環境省環境保健部化学物質審査室(2009)化学物質規制をめぐる国際潮流と化学物質審査規制法の改正.生活と環境,54(9): 5-14.
環境省編(2010)第3章　生物多様性の危機と私たちの暮らし——未来につなぐ地球のいのち　第1節　加速する生物多様性の損失.環境白書／循環型社会白書／生物多様性白書(平成22年版),66-75.
柏田祥策(2004)「生態毒性」評価のためのバイオアッセイ.ぶんせ,10: 598-603.
柏田祥策(2009)ナノマテリアルによる新たな水環境汚染と生態リスク.環境毒性学会誌,12: 19-32.
加藤尚武編(2005)環境と倫理——自然と人間の共生を求めて.有斐閣アルマ.
加藤三郎(2011)持続する社会とは何か——今の社会と何が違うのか.資源環境対策,47(1): 28-33.
川合禎次・谷田一三編(2005)日本産水生昆虫——科・属・種への検索.東海大学出版会.
河宮未知生(2009)地球温暖化と海洋環境の変化.環境情報科学,38(2): 14-19.
川那部浩哉(2007)生態学の「大きな」話.農山漁村文化協会.
河田雅圭(1989)進化論の見方.紀伊國屋書店.
菊地直樹(2006)蘇るコウノトリ——野生復帰から地域再生へ.東京大学出版会.
北村雄一(2009)ダーウィン『種の起源』を読む.化学同人.
北野大(2009)エネルギーと環境問題.環境科学会誌,22: 441-443.
国土交通省土地・水資源局水資源部編(2010)日本の水資源(平成22年版).海風社.
国立環境研究所編(1995)水環境における化学物質の長期曝露による相乗的生態系影響に関する研究.国立環境研究所特別研究報告 SR-19-'95.
小松輝久・三上温子・鰺坂哲朗・上井進也・青木優和・田中克彦・福田正浩・國分優孝・田中潔・道田豊・杉本隆成(2009)ホンダワラ類流れ藻の生態学的特徴.沿岸海洋研究,46: 127-136.
小宮山宏・武内和彦・住明正・花木啓祐・三村信男編(2010)サステイナビリティ学④生態系と自然共生社会.東京大学出版会.
小森行也・鈴木穣・南山瑞彦(2010)下水処理場放流水中の医薬品とその生態リスク評価.資源環境対策,46(8): 14-19.
河野修一郎(1990)日本農薬事情.岩波新書.
河野義明(2009a)3.2.6　生物的防除.最新応用昆虫学(田付貞洋・河野義明編),朝倉書店,179-184.

河野義明（2009b）3.2.1　害虫管理の構想．最新応用昆虫学（田付貞洋・河野義明編），朝倉書店，134-137.
Lalli, C. M. and Parsons, T. R., 關文威監訳，長沼毅訳（1996）生物海洋学入門．講談社．
レオポルド・アルド，新島義昭訳（1997）土地倫理．野生のうたが聞こえる，講談社学術文庫，315-351.
Lürling, M. and Scheffer, M.（2007）Info-disruption: pollution and the transfer of chemical information between organisms. *Trends in Ecology & Evolution*, 22: 374-379.
ライアン・トーマス・J., 村上清敏訳（2000）この比類なき土地——アメリカン・ネイチャーライティング小史．英宝社．
Mackenzie, A., Virdee, S. R. and Ball, A. S., 岩城英夫訳（2001）B3　ニッチ．生態学キーノート，シュプリンガー・ジャパン，18-20.
丸山博紀・高井幹夫，谷田一三監修（2000）川に生息する昆虫．原色川虫図鑑，全国農村教育協会，206-209.
間瀬啓允（1991）エコフィロソフィ提唱——人間が生き延びるための哲学．法蔵館．
枡田基司・北野大（2009）POPsに関するストックホルム条約と今後の化学物質管理のあり方．水環境学会誌，32: 568-573.
松井三郎・田辺信介・森千里・井口泰泉・吉原新一・有薗幸司・森澤眞輔（2002）環境ホルモンの最前線．有斐閣選書．
松中昭一（2000）2.3　農薬の選択性機構．農薬のおはなし，日本規格協会，43-51.
松浦啓一（2009）1.3　動物分類の単位と階層．動物分類学，東京大学出版会，8-13.
マッキントッシュ・ロバート・P., 大串隆之・曽田貞滋・井上弘訳（1989）生態学——概念と理論の歴史．思索社．
三島次郎（1992）珊瑚礁の秘密——物質の循環．トマトはなぜ赤い——生態学入門，東洋館出版社，48-59.
満井喬（2000）昆虫の表皮形成異常に基づく昆虫成長調節剤．日本農薬学会誌，25: 150-164.
宮本憲一（2006）史上最大の社会的災害か——アスベスト災害問題の責任．環境と公害，35(3): 37-42.
水野寿彦・高橋永治編（2000）日本淡水動物プランクトン検索図説（改訂版）．東海大学出版会．
森千里（2002）胎児の複合汚染——子宮内環境をどう守るか．中公新書．
村山武彦（2006）環境リスク管理におけるリスクコミュニケーションの重要性．環境管理，42: 225-230.
ネス・アルネ，斎藤直輔・関龍美訳（1997）ディープ・エコロジーとは何か——エコロジー・共同体・ライフスタイル．文化書房博文社．
中西準子（1994）水の環境戦略．岩波新書．
中静透（2010）生物多様性総合評価報告（JBO）．生活と環境，55(8): 4-8.
中山聖子（2009）多様な日本の藻場．国立公園，675: 5-8.

中澤圭一（2010）生物多様性条約 COP 10 の結果概要．資源環境対策，46(12): 59-64.
Newman, M. C. and Unger, M. A.（2003）*Fundamentals of Ecotoxicology*（第 2 版），CRC Press.
日本ユスリカ研究会編（2010）図説日本のユスリカ．文一総合出版．
西村肇・岡本達明（2001）第二章　海のメチル水銀汚染．水俣病の科学，日本評論社，105-217.
西村登（1987）ヒゲナガカワトビケラ（日本の昆虫⑨）．文一総合出版．
西尾哲茂（2010）続・公害国会から 40 年，環境法における規制的手法の展望と再評価——先導的な環境法を求めて，規制離れと進化した規制手法の再来．環境研究，159: 99-117.
野田研一（2007）自然を感じるこころ—ネイチャーライティング入門．ちくまプリマー新書．
小川欽也（2003）第 8 章　フェロモンの動向．新農薬開発の最前線——生物制御科学への展開（ファインケミカルシリーズ）（山本元監修），シーエムシー出版，226-256.
大串龍一（2004）水生昆虫の世界——淡水と陸上をつなぐ生命．東海大学出版会．
大串隆之・難波利幸・近藤倫生編（2009a）進化生物学からせまる（シリーズ群集生態学 2）．京都大学学術出版会．
大串隆之・難波利幸・近藤倫生編（2009b）生物間ネットワークを紐とく（シリーズ群集生態学 3）．京都大学学術出版会．
大久保彩子（2010）南極の海洋生物資源の保存に関する委員会（CCAMLR）における生態系アプローチの適用．環境科学会誌，23: 126-137.
大森信（2009）サンゴ礁の劣化と保全・再生．環境情報科学，38(2): 31-36.
太田哲男（1997）子ども時代と自然．レイチェル=カーソン，清水書院，14-15.
大竹千代子・東賢一（2005）予防原則——人と環境の保護のための基本理念．合同出版．
及川紀久雄・北野大（2005）4.1　化学物質のリスクアセスメント．人間・環境・安全——くらしの安全科学，共立出版，104-126.
岡島成行（1998）アースデーと『沈黙の春』．「環境の世紀」へ——いまレイチェル・カーソンに学ぶ（レイチェル・カーソン日本協会編），かもがわ出版，47-58.
Paine, R. T.（1966）Food web complexity and species diversity. *The American Naturalist*, 100 : 65-75.
ポスト・ダイアナ（1998）カーソンの思想を語り継ぐ．「環境の世紀」へ——いまレイチェル・カーソンに学ぶ（レイチェル・カーソン日本協会編），かもがわ出版，17-26.
Ray, P. H. and Anderson, S. R.（2000）*The Cultural Creatives How 50 Million People Are Changing The World*. Harmony Books.
Sakamoto, M., Chang, K. H. and Hanazato, T.（2006）Inhibition of development of anti-predator morphology in the small cladoceran *Bosmina* by an insecticide: impact of an an-

thropogenic chemical on prey-predator interactions. *Freshwater Biology*, 51: 1974-1983.
佐々木猛智（2010）第4章　軟体動物の多様性．貝類学，東京大学出版会，273-327．
Satake, K. and Yasuno, M.（1987）The effects of diflubenzuron on invertebrates and fishes in a river. *Japanese Journal of Sanitary Zoology*, 38: 303-316.
関口秀夫（2009）沿岸域で生まれた海洋生物の分散とその生態学的意義．沿岸海洋研究，46: 85-100．
清水高男（2010）5　カワゲラ目の環境指標性．河川環境の指標生物学（環境 Eco 選書2）（谷田一三編），北隆館，45-53．
スコリモフスキー・ヘンリック，間瀬啓允・矢嶋直規訳（1999）エコフィロソフィ――21世紀文明哲学の創造．法蔵館．
スナイダー・ゲーリー（2008）場所の詩学．「場所」の詩学――環境文学とは何か（生田省悟・村上清敏・結城正美編），藤原書店，160-177．
須藤隆一・西村修・藤本尚志・山田一裕（2003）1.2　地球環境問題とその特徴．環境保全科学入門――環境の保全と修復，生物研究社，3-5．
菅谷芳雄（1997）セスジユスリカ（*Chironomus yoshimatsui*）における殺虫剤感受性の種内変異．衛生動物，48: 345-350．
鈴木貞美（2007）生命観の探究――重層する危機のなかで．作品社．
鈴木善次（2008）8．環境教育の現状と問題．講座文明と環境14　環境倫理と環境教育（新装版）（伊東俊太郎編），朝倉書店，148-160．
多田満（1998a）化学物質の生態影響．日本生態学会誌，48: 299-304．
多田満（1998b）室内実験水路を用いた殺虫剤フェノブカルブの河川底生動物に対する急性毒性影響．環境毒性学会誌，1: 65-73．
多田満（2000a）環境保護運動と文学．たのしく読めるネイチャーライティング――作品ガイド120（文学・環境学会編），ミネルヴァ書房，251．
多田満（2000b）環境汚染の実態『複合汚染』有吉佐和子．楽しく読めるネイチャーライティング――作品ガイド120（文学・環境学会編），ミネルヴァ書房，228-229．
多田満（2000c）環境文学の古典『沈黙の春』カーソン．楽しく読めるネイチャーライティング――作品ガイド120（文学・環境学会編），ミネルヴァ書房，104-105．
多田満（2000d）野鳥との交流『野鳥と共に』中西悟道．楽しく読めるネイチャーライティング――作品ガイド120（文学・環境学会編），ミネルヴァ書房，220-221．
多田満（2002）回転流水式水槽を用いたシマトビケラ幼虫の営巣個体に対する殺虫剤の影響．環境毒性学会誌，5: 13-19．
多田満（2006a）R. Carson『沈黙の春』と有吉佐和子『複合汚染』にみられる化学物質の生態への影響．文学と環境，9: 47-53．
多田満（2006b）濃縮係数．陸水の事典（日本陸水学会編），講談社，379．
多田満（2006c）農薬汚染．陸水の事典（日本陸水学会編），講談社，380．
多田満（2006d）公害．陸水の事典（日本陸水学会編），講談社，138．
多田満（2007）『沈黙の春』と化学物質．レイチェル・カーソン，ミネルヴァ書房，94．

多田満（2010）環境芸術について（1）環境-科学-芸術のつながり．環境芸術，9: 93-96.
多田満（2011）3.4.2 環境ホルモン，ダイオキシン．環境毒性学（渡邉泉・久野勝治編），朝倉書店，108-116.
高田秀重・秋山賢一郎・山口友加・堤史薫・金井美季・遠藤智司・滝澤玲子・奥田啓司（2004）2．ムラサキイガイ類．微量人工化学物質の生物モニタリング（日本水産学会監修，竹内一郎・田辺信介・日野明徳編），恒星社厚生閣，24-36.
高倉耕一（2010）都市における生物多様性保全の方法とその可能性．生活衛生，54: 85-92.
高山昭三・安福一恵（2005）発がん物質と化学物質の人に対するリスク評価．モダンメディア，51(3): 64-67.
竹本公太郎（2010）21世紀の世界の水問題と日本．環境研究，159: 29-37.
竹村牧男（2007）エコロジーとエコ・フィロソフィ．「エコ・フィロソフィ」研究（東洋大学「エコ・フィロソフィ」学際研究イニシアティブTIEPh事務局編），1: 13-26.
武内和彦（1991）地域の生態学．朝倉書店．
武内和彦（2010）第6章 都市の生態系——再生と緑化を推進する．サステイナビリティ学④生態系と自然共生社会（小宮山宏・武内和彦・住明正・花木啓祐・三村信男編），東京大学出版会，173-195.
田辺信介（2003）生物蓄積性内分泌かく乱化学物質による地球規模の環境汚染．陸水学誌，64: 225-237.
田付貞洋（2009）3.1 害虫と害虫化．最新応用昆虫学（田付貞洋・河野義明編），朝倉書店，129-134.
ソロー・ヘンリー・デイビッド，小野和人訳（1994）メインの森——真の野性に向う旅．講談社学術文庫．
ソロー・ヘンリー・デイビッド，今泉吉晴訳（2004）ウォールデン 森の生活．小学館．
都甲潔（2004）感性の起源——ヒトはなぜ苦いものが好きになったか．中公新書．
土屋誠（2008）熱帯沿岸生態系の多様性と相互関連性．沿岸海洋研究，46: 11-17.
宇井純（1971）公害原論Ⅰ．亜紀書房．
鷲谷いづみ・鬼頭秀一編（2007）自然再生のための生物多様性モニタリング．東京大学出版会．
鷲谷いづみ・宮下直・西廣淳・角谷拓編（2010）保全生態学の技法——調査・研究・実践マニュアル．東京大学出版会．
渡辺守（2007）4.6 移動と渡り．昆虫の保全生態学，東京大学出版会，116-122.
渡邉泉（2003）汚染物質を知る．土木施工，44(12): 14-19.
Whittaker, R. H.（1975）*Communities and Ecosystems*（第2版）. Macmillian.
山本洋平（2010）生物多様性の文学へ——加藤幸子「ジーンとともに」論．[特集]エコクリティシズム，水声通信，33: 221-227.
山野博哉（2008）日本におけるサンゴ礁の分布．沿岸海洋研究，46: 3-9.

山里勝己（2000）場所の感覚（Sense of Place）．楽しく読めるネイチャーライティング――作品ガイド120（文学・環境学会編），ミネルヴァ書房，246.
山里勝己（2006）9　ソローの家，スナイダーの家――生態地域主義の視点から．ウォールデン（上岡克己・高橋勤編），ミネルヴァ書房，113-125.
柳哲雄（2006）里海論．恒星社厚生閣．
安田直人（1990）新聞記事をもとにした日本人と鳥獣の関係．動物観研究，1: 4-17.
養老孟司（2003）いちばん大事なこと――養老教授の環境論．集英社新書．

索引

DDD 40
DDT（有機塩素系殺虫剤） 9, 24, 25, 29, 30, 32, 47, 77
DDT 抵抗性 84
LC50（半数致死濃度） 35, 49
LD50（半数致死量） 34
PCB（ポリ塩化ビフェニル、有機塩素化合物） 10, 24, 29, 41
POPs（残留性有機汚染物質） 62, 146
PRTR 148
REACH 146
VOC（揮発性有機化合物） 38

ア行

愛玩的態度 134
アサギマダラ 8
アーサー・タンスレー 18
アスベスト 139
アニー・ディラード 134
有吉佐和子 21
アルド・レオポルド 19, 123
アルネ・ネス 20, 156
アルバート・シュヴァイツァー 1, 15
アルフレッド・テニスン 2
安全 144
安藤昌益 21
イガイ 90, 102
閾値（NOEC） 75
『石に話すことを教える』 134
石牟礼道子 21, 71
「イタチのように生きる」 134
イチョウガニ 94
一般環境曝露 38
一般毒性 34
遺伝形質 83
遺伝子 82, 83
遺伝資源 12
遺伝子浮動 84

遺伝子流動 84
意図的合成物 28
イボニシ 91, 102
イワタマキビ 97
イワフジツボ 103
ウィングスプレッド宣言 31
『ウォールデン――森の生活』 125, 127, 129
「内なる自然」 16
『奪われし未来』 4, 33, 62, 149
ウミニナ類 112
『海辺』 4, 9, 12, 64, 79, 118
ウルマーシマトビゲラ 49, 55
エコセントリズム（生態系中心主義） 21, 124, 159
「エコチル調査」 33
エコ・フィロソフィ 20, 154, 159
エコフェミニズム 20
エコロジー 21, 159
エコロジー的自己 158
エルモンヒラタカゲロウ 49
エルンスト・ヘッケル 18
エレン・スワロー・リチャーズ 19
沿岸生態系 64
円石藻 107
エンドポイント 76
オオクラカケカワゲラ 53
オオナガレトビケラ 53
オオヤマカワゲラ 54
オキアミ 61
「おそるべき力」 23
オゾン層の破壊 44
オナガミジンコ 59
オナシカワゲラ 55
オリビエ・メシアン 121
温暖化 44, 106

カ行

海草 95

海藻 94
海洋汚染 150
海洋生態系 60
海洋の酸性化 107
化学農薬 27
化学物質 23, 30, 44
化学物質の曝露 38
化管法（化学物質排出把握管理促進法） 143, 148
カゲロウ目 52
化審法（化学物質審査規制法） 143, 145
河川生態系 48
カタクチイワシ 66
褐虫藻 100, 109
加藤幸子 21
カブトミジンコ 59
カワゲラ目 52
がん 32, 73
環境アート 162
環境基準値 75
環境基本計画 159
環境基本法 10, 13
環境教育 13
環境芸術 162
環境研究 161
環境文学 127
環境ホルモン（内分泌攪乱化学物質） 10, 31, 62
環境問題 9, 41, 136, 142, 149, 161
環境リスク 145
環境倫理 156
観察 16
感受性 48, 56
岩礁海岸 90, 102
感性 13, 117, 123
キス（底生魚） 66
キーストーン種 91
基本ニッチ 92
嗅覚 119
急性毒性 34
共進化 106

188

共生　73, 159
競争　103
共存　105, 106, 113
「共存力」　113
協働　161
キリスト教的自然観　159
菌類　100
『苦海浄土——わが水俣病』　21, 71
熊沢蕃山　21
クリヤ湖　14, 40
グレゴリー・ベイトソン　20
群集生態学　104
経験　130
経済　125
経済協力開発機構（OECD）　147
ゲーリー・スナイダー　20, 120
健康影響　68
健康リスク　74, 145
原生　13
現代哲学　154
広域環境問題　139
公害　9, 138, 139, 141
公害対策基本法　10
光化学スモッグ　9, 44
「交感」　131, 135
高感受性期　33
「高級なよろこび」　158
弘法大師（空海）　20
湖沼生態系　57
『この比類なき土地——アメリカン・ネイチャーライティング小史』　126
コンラート・ローレンツ　118

サ行
里山　13, 14
サンゴ　100
サンゴ礁　88, 93, 100, 108
三番瀬　93
シーア・コルボーン　4, 31
シェリー・アンダーソン　152
『潮風の下で』　3
視覚　119
自己（Self）　157

自然　13
自然観　121
自然環境　142
自然共生社会　159
自然主義的態度　132, 135, 137
自然選択　83
「自然の叡智」　129, 130
「自然の力」　110, 113, 114
実現ニッチ　92
指標生物　111
社会環境　142
ジャン・ピアジェ　122, 124
種　81, 84
重金属　29, 147
臭素系難燃剤　63
『種の起源』　18, 83
種分化　97, 105
職業病　139
食物網　19, 55, 57, 60
食物連鎖（網）　4, 31, 39, 41, 48, 54, 57, 58, 63, 66, 68
ジョセフ・グリンネル　90
ジョン・スチュアート・ミル　158
ジョン・ピーターソン・マイヤーズ　32
シロスジフジツボ　103
シロタニガワカゲロウ　49
シロハラコカゲロウ　49
進化　81, 83, 86, 97, 98
人工　14
人類　11
水生昆虫　48, 50
スカシタマミジンコ　59
ストック公害　138
ストックホルム条約（POPs条約）　146
スナガニ　97
砂浜　93
スナホリガニ　92
スムーズ・ペリウィンクル　92, 97
生活環　50
政策　143
生食連鎖　54, 55, 57, 61
生体異物質　30
生態影響　58, 68
生態学　18, 21, 159

生態学的態度　132, 137
生態学の方法　17
生態学の領域　15
生態系　18, 37, 46, 58, 81, 85, 87, 99, 101, 108, 113, 124, 149, 151
生態系アプローチ　151
生態系サービス　87
生態系の機能　87, 151
生態地域主義　120
生態毒性　36, 37, 145, 146
生態毒性学　68
生態リスク　145
正の相互作用　104
生物学　17
生物学的種概念　105
生物多様性　81
生物多様性基本法　12
生物多様性条約　11, 151
生物多様性の減少　11
生物多様性の損失　87
生物多様性の保全　11
生物蓄積　25, 39, 41, 66, 68
生物濃縮　41, 67
生物濃縮係数　40
生物農薬　27
生物モニタリング　91
生分解　25, 39
生命観　136, 160, 161
セスジユスリカ　56
『センス・オブ・ワンダー』　4, 13, 115
全体論的　19
相互作用　18, 58, 99, 113
送粉者共生　100
相利共生　99
藻類　37, 54, 55, 57, 60
ソーシャル・エコロジー　20
「外なる自然」　15
損失余命　76

タ行
ダイアン・ダマノスキ　32
ダイオキシン（類）　28, 30, 39, 44
大気汚染（酸性雨）　44
胎児性水俣病　68
対立遺伝子　84
タートル・グラス（アマモ類）

索引　189

95
ダフニア　58
タマキビ(類)　92, 96
地域環境　163
地域生態学　163
地球環境問題　41
知性　124
チャールズ・ダーウィン　18
聴覚　121
潮間帯　92
直接環境曝露　38
直接人間曝露　38
チラカゲロウ　49
『沈黙の春』　4, 9, 22, 25, 31, 46, 50, 66, 68, 72, 73, 127, 149, 155
ツノマタ(類)　92, 105
抵抗性(＝薬剤耐性)　56
底生魚　65
ディープ・エコロジー　20, 156
低用量効果　33
適応　85, 93, 98, 105
適応度　83, 99
適応放散　51, 53, 97
デトリタス　52, 54
特殊毒性　37
毒性　36
「土地倫理」　19, 123
突然変異　82
トビケラ目　53
トーマス・ライアン　126
《鳥のカタログ》　121

ナ行

内分泌攪乱性　31
中西悟堂　133
ナノマテリアル　28
ニセゾウミジンコ　59
ニッチ(生態的地位)　86
「ニュー・エコロジー」　161
人間　10, 13, 72, 129, 149
人間生態学　19, 69
人間-生態系　149, 161
人間中心主義　21, 124, 127
「人間の叡智」　129
ネイチャーライティング　126, 163
ネクトン　60

農薬　24, 47
農薬取締法　25, 143, 144

ハ行

「場所」　126, 163
「場所化」　164
「場所の感覚」　129, 163
ハチドリ　106
白化現象　109
発がん　73, 148
発がん物質　74, 75
バックキャスティング　154
ハビタット(生息場所)　94
パラケルスス　36
パラダイム　17
パラチオン(有機リン系殺虫剤)　47
バールーフ・デ・スピノザ　157
非意図的生成物　28
干潟　111
微生物　39
微生物ループ　57, 61
ヒト　10
人　12
ヒドロ虫類　92
非発がん物質　75
ヒバマタ　91
表層魚　66
標的生物　27
非ランダム交配　84
フィンチ　105
フェニトロチオン(有機リン系殺虫剤)　30, 47, 48, 56
フェリックス・ガタリ　20
フェロモン　27
『複合汚染』　10, 62, 74
フジツボ　90, 96, 102, 103
腐食連鎖　54, 55
フッ素系界面活性剤(PFOS)　147
プランクトン　57, 60
フロー公害　138
フロン　41
「べつの道」　153
ベネフィット(利益)　141
ヘビトンボ　55
変異　84
ベントス　48, 66, 111

ヘンリック・スコリモフスキー　154
ヘンリー・デイヴィッド・ソロー　125, 127, 132
法(律)　143
保全生態学　15
ホソヘビガイ　93
ポール・レイ　152
ホンダワラ類　95

マ行

マギレミジンコ　59
マクロ生態学　19
マハトマ・ガンジー　157
マラリア　77
マレイ・ブクチン　20
慢性毒性　36
南方熊楠　21
水俣病　9, 45, 67-71
無機化合物　28
メインの森　118, 132
メチル水銀　30, 65, 66
モナーク蝶(オオカバマダラ)　6, 8
藻場　95
「問題群」　41

ヤ行

野生　135
野生鳥獣　132
『野生のうたが聞こえる』　124
ヤマトヒメカワゲラ　53
有機塩素化合物　30, 31, 62, 138, 147
有機塩素系殺虫剤　27, 30, 40, 47, 77, 144
有機化合物　28
「有毒の遺産」　33, 150
ユスリカ類　55
用量　36
予防原則　142
ヨメガカサ　103
ヨーロッパタマキビ　97

ラ行

ライチョウ　130
ライフスタイル　152, 155, 158

陸水　46
陸水生態系　46
リスク　33, 139, 146
リスクコミュニケーション　148
リター　54

リチャード・ジェフリーズ　7
流水性昆虫　48
レイチェル・カーソン　1
労務災害　139
ロハス（LOHAS）　152

ワ行

和白干潟　111
ワムシ類　59
ワレカラ（類）　60, 95
『われらをめぐる海』　3

著者略歴

多田　満（ただ・みつる）

1959 年　香川県に生まれる．
1986 年　東京大学大学院農学系研究科修士課程修了．
現　在　国立環境研究所主任研究員，博士（農学）．
専　門　生態学・環境毒性学——水生昆虫やミジンコなど水生生物を用いた環境リスクに関する生態学・環境毒性学的研究とともに，カーソンの文学などのネイチャーライティングの研究を続けている．
主　著　『環境毒性学』(渡邉泉・久野勝治編，分担執筆，2011 年，朝倉書店)，『生態影響試験ハンドブック——化学物質の環境リスク評価』(日本環境毒性学会編，分担執筆，2003 年，朝倉書店)，『たのしく読めるネイチャーライティング——作品ガイド 120』(文学・環境学会編，分担執筆，2000 年，ミネルヴァ書房) ほか．

レイチェル・カーソンに学ぶ環境問題

2011 年 7 月 5 日　初　版

［検印廃止］

著　者　多田　満

発行所　財団法人　東京大学出版会

代表者　渡辺　浩

113-8654 東京都文京区本郷 7-3-1 東大構内
電話 03-3811-8814　Fax 03-3812-6958
振替 00160-6-59964

印刷所　株式会社平文社
製本所　誠製本株式会社

Ⓒ 2011 Mitsuru Tada
ISBN 978-4-13-062220-2　Printed in Japan

[R]〈日本複写権センター委託出版物〉
本書の全部または一部を無断で複写複製(コピー)することは，著作権法上での例外を除き，禁じられています．本書からの複写を希望される場合は，日本複写権センター(03-3401-2382)にご連絡ください．

渡辺守
昆虫の保全生態学 ──Ａ５判/200頁/3000円

樋口広芳編
保全生物学 ──Ａ５判/264頁/3200円

小池裕子・松井正文編
保全遺伝学 ──Ａ５判/328頁/3400円

鷲谷いづみ・鬼頭秀一編
自然再生のための
生物多様性モニタリング ──Ａ５判/240頁/2400円

武内和彦・鷲谷いづみ・恒川篤史編
里山の環境学 ──Ａ５判/264頁/2800円

小野佐和子・宇野求・古谷勝則編
海辺の環境学 ──Ａ５判/288頁/3000円
大都市臨海部の自然再生

鷲谷いづみ・武内和彦・西田睦
生態系へのまなざし ──四六判/328頁/2800円

武内和彦
環境時代の構想 ──四六判/244頁/2300円

ここに表示された価格は本体価格です。ご購入の際には消費税が加算されますのでご了承ください。